采场覆岩离层动态发育规律与注浆减沉机理研究

牛学良　王素华　高延法◎著

中国矿业大学出版社

·徐州·

内 容 提 要

本著作详细论述了采场覆岩离层动态发育规律与注浆减沉机理,主要内容包括国内外相关研究综述、采场覆岩离层动态发育规律相似材料模拟实验研究、采场覆岩离层动态发育规律数值仿真研究、综放开采覆岩移动变形与离层发育规律现场实测研究、采场覆岩注浆减沉机理与地表沉陷预计研究、采场覆岩离层注浆浆液水渗流规律与注浆材料性能研究。全书内容丰富、层次清晰、图文并茂、论述得当,理论性和实用性强。

本书可供采矿工程及相关专业的科研与工程技术人员参考。

图书在版编目(CIP)数据

采场覆岩离层动态发育规律与注浆减沉机理研究/
牛学良,王素华,高延法著.—徐州:中国矿业大学出
版社,2022.12
    ISBN 978-7-5646-5684-3

    Ⅰ.①采… Ⅱ.①牛…②王…③高… Ⅲ.①注浆加
固—研究 Ⅳ.①TD265.4

    中国版本图书馆 CIP 数据核字(2022)第 249970 号

书 名	采场覆岩离层动态发育规律与注浆减沉机理研究
著 者	牛学良 王素华 高延法
责任编辑	王美柱
出版发行	中国矿业大学出版社有限责任公司
	(江苏省徐州市解放南路 邮编 221008)
营销热线	(0516)83885370 83884103
出版服务	(0516)83995789 83884920
网 址	http://www.cumtp.com E-mail:cumtpvip@cumtp.com
印 刷	江苏淮阴新华印务有限公司
开 本	787 mm×1092 mm 1/16 **印张** 11.5 **字数** 294 千字
版次印次	2022 年 12 月第 1 版 2022 年 12 月第 1 次印刷
定 价	48.00 元

(图书出现印装质量问题,本社负责调换)

前　言

随着经济和科技的迅速发展，人类对煤炭资源的需求日益剧增。我国煤炭资源丰富，煤炭已成为我国国民经济发展的重要基础工业。我国"三下"压煤量巨大，特别在华东、华北平原的主要产煤区。据统计，我国"三下"压煤超过100亿 t，其中建筑物下压煤占50％，因此，"三下"压煤开采问题十分突出。

地下煤炭采出后，覆岩内原始应力平衡状态遭到破坏，上覆岩层产生移动、变形和破坏。随开采持续进行，上覆岩层逐渐下沉与断裂，并逐步向上发展，当开采面积达到一定范围后，地表开始下沉，在地表形成一定范围的塌陷区。地下煤层开采不仅损害了地表各类建（构）筑物，如城镇、村庄、工业与民用建筑、铁路、桥梁、输送管道、输电线路及通信设施等，还影响了矿区城市规划与绿化，使农田高低不平而影响耕种，地面水利设施和排水系统不能正常使用，周围水体（源）受到破坏，并引起地面区域环境和生态结构的变化，水土流失和沙漠化加剧，甚至还会引起山体滑坡等灾害。这一系列问题不仅给国家和企业带来巨大经济损失，还会对区域生态环境产生较大的负面影响。因此，研究采场覆岩离层动态发育规律与注浆减沉机理，对于实现地面保护与井下安全开采、企业经济效益与社会效益的双赢具有重要的意义。

本书主要采用室内实验、数值仿真分析、现场实测与力学分析等方法对采场覆岩移动变形、离层发育规律及注浆减沉机理进行研究。通过室内实验对环境控制条件下覆岩离层动态发育规律、粉煤灰物理力学性能与注浆浆液流体力学性能进行测试，证实了覆岩离层注浆减沉的可行性，得到离层带的形成条件，注浆层位的上限与下限，离层生成、发展直至闭合的时间周期，离层空间形态与体积等；通过数值仿真分析，得出煤层开采后在走向和倾向两个主断面上离层的动态发展规律，为注浆减沉方案设计提供依据；通过现场实测得到煤层开采后覆岩导水断裂带的发育高度，以及覆岩离层发育程度与开采进度和采动充分程度之间的关系；利用力学分析方法讨论了采场覆岩结构演变规律与注浆减沉机理,得到了注浆浆液流动范围与粉煤灰沉积层形态。

在撰写本书过程中,笔者参阅了大量的中外文献,借此机会向所有文献作者表示诚挚的谢意。感谢开滦(集团)有限责任公司及其所属唐山矿、地矿工程有限公司领导和工程技术人员在现场实测过程中提供的大力支持与帮助。在此不能一一列举所有曾提供帮助与支持的同行,深表歉意!

由于笔者水平所限,书中难免有疏漏与不足之处,恳请读者给予批评指正。

著 者
2022 年 10 月

目　录

1　绪　论

1.1　研究课题的提出

　　我国是一个产煤大国,煤炭资源丰富,煤炭是我国的主要能源。同时,我国"三下"压煤量也很大,特别在华东、华北平原的主要产煤区,地面村庄建筑物密集,建筑物下压煤问题十分突出。据统计,我国建筑物下、铁路下、水体下压煤超过 100 亿 t,其中建筑物下压煤占50%,而建筑物下压煤的 66% 为村庄下压煤。可以说,在全国不论煤矿大小都有村庄压煤问题,其比例一般占矿井可采储量的 10%～30%,多的会超过 40%。

　　地下煤炭被采出后,采空区周围岩体内部的原始应力平衡状态遭到破坏,上覆岩层产生移动、变形和破坏。随着开采的进行,煤层附近的上覆岩层会逐渐下沉与断裂,并逐步向上发展,当煤层开采面积达到一定范围后,起始于采场附近的岩层移动将扩展到地表,引起地表下沉,在地表形成一定范围的下沉区,在平原地区形成明显的"洼地",这种下沉区即俗称的塌陷区。

　　由于人们对开采沉陷研究得不够,因而地下开采使铁路、房屋遭到破坏,井下透水造成人员伤亡的惨案时有发生。据史料记载,1875 年在德国的约汉·载梅尔矿,由于地下开采形成地表塌陷,地面铁路钢轨悬空,从而影响列车的正常运行。据 1895 年德国的《幸福》杂志记载,在波希米亚的柏留克城发生了由于地下开采危及地面建筑物安全的严重事件,地面的突然崩塌毁坏了 31 所房屋。1916 年日本在海底下进行采煤时,海水沿着由于开采影响而扩大的构造裂隙突然溃入井下,仅仅在两个小时内就淹没了矿井,造成死亡 237 人的事故。

　　总之,开采地下煤炭可以造福于人类,但同时矿山开采也给人类带来不少灾害性后果以及一系列社会问题和环境问题,这主要表现在:

　　① 大多数情况下,矿山开采的影响可使上覆移动岩体内的井筒、巷道、硐室及其他井下工程设施遭到破坏,影响正常使用,给国家和企业带来巨大损失和沉重负担。

　　② 矿山开采引起的地表移动和变形将影响位于下沉盆地范围内的房屋建筑、河流、铁路、管道以及其他构筑物,改变它们原有的形体状态,甚至将其破坏,迫使公路、铁路改道,建(构)筑物重建,从而造成很大的经济损失。

　　③ 煤炭开采引起的地表沉陷使地形、地貌产生变化和破坏,严重破坏地表环境,造成村庄房屋产生裂缝、耕地积水、乡村道路断裂、果树木枯死、水塘干涸等,影响农业耕地、地面景观和矿区地面生态环境平衡。

　　④ 地表开采沉陷破坏了矿区原有的地下潜水位及地下水系,使地面形成大面积的低洼区和积水区,甚至形成沼泽地,这些区域既不能栽种植物,又不能进行养殖,成为荒地,而地

下水系的破坏和地下水的流失又是不可恢复的,给人们的日常生活、生产带来了很大的影响和损失。

⑤ 地表开采沉陷破坏了原有的土地形态和原来相对稳定的土壤结构,地面农田无法耕种,进一步激化煤炭企业与地方及居民之间的矛盾,导致社会不稳定因素加剧。

因此,在煤炭资源仍然作为我国主要能源的今天,研究因煤炭开采引起的地表沉陷规律和开采沉陷控制技术,评价因开采导致的环境问题,对于进一步推动煤炭工业的可持续发展具有重要的经济价值和深远的社会意义。

1.2 文献综述及国内外研究现状

1.2.1 开采沉陷理论研究概况

在进行地下矿物资源开采时,当开采面积达到一定数值后,上覆岩层将产生移动并逐渐发展至地表,引起地表的移动、变形和破坏,引发地表及相应的建(构)筑物的损害,这种现象在人类开始进行开采地下资源时就被观察到了,人们曾制定过一系列预防开采沉陷有害影响的法律性措施。早在 15 世纪,比利时曾公布一项法令:在列日城下开采时,开采深度不得小于 100 m,对由于开采而使列日城水源(含水层)受到破坏的责任者处以死刑。1825 年、1839 年比利时组成过专门委员会对列日城受开采影响而引起的破坏进行了调查,形成了最初的开采影响传播的"垂线理论"假设。1858 年,比利时人哥诺(Gonot)以观测资料为基础提出了"法线理论",认为采空区上下边界开采影响范围可用相应点的层面法线确定。对于"法线理论",比利时人狄芒(Dumont)认为只适用于倾角小于 68°的矿层。1876 年,德国人依琴斯凯(Jicinsky)提出了"二等分线理论"。1882 年,人们试图用统一模式去描述采矿地面沉陷,耳西哈教授提出了"自然斜面理论",并给出了从完整岩石到厚含水冲积层的六类岩层的自然斜面角范围为 54°~84°。1885 年,法国人法约尔(Fayol)利用现场观测和模型研究,提出了开采沉陷的"拱形理论"。19 世纪末期,豪斯(Hausse)建立了新的开采沉陷模式,认为在采空区上方首先形成梯形的冒落带和弯曲综合带,其高度为采厚的 30~50 倍,其上方为纯粹弯曲带,这一观点与现代的理论比较接近。

第二次世界大战后,由于工业革命的迅速发展和对煤炭需求的增加,采矿业成为工业国家重要的基础产业,受当时开采技术和装备的限制,一般多进行浅部煤层开采,因而其开采沉陷问题特别突出,这一问题受到了政府和国民的重视,国外许多学者开始对开采沉陷理论进行了更深入的探索和研究,主要的理论成果有:M. Zhang,A. K. Bhattacharyya 比较了三种常用的沉陷预计方法(经验方法、理论方法和半经验方法)的特点和适用条件,提出了一种用于评价沉陷预计精度的统计方法;A. W. Khair,R. D. Begley 提出了沉陷预计的力学模型,将煤层和覆岩划分为开挖区、冒落区、裂隙区、变形连续区及沉陷区,用解析方法对下沉曲线形态及最大下沉值进行了预计;Rauch 研究了开采沉陷的水力学作用效应;Litwinszyn 对随机介质理论法作了进一步的论述;V. Adamek 建立了应用可变下沉系数进行静态和动态沉陷预计的方法;A. Kwinta,A. K. K. Hejmanowski 讨论了岩体沉降预计的两种时间函数分析方法,即一参数的 Knothe 函数法和两参数的 Sroka-Schober 函数法;C. Haycocks 等研究了多煤层开采后的沉陷现象;J. A. Siekmeier 等提出了应用于开采沉陷的岩体分类方法；W. M. Pytel 等在梁理论的基础上，建立了简化的二维模型，分析了随时间变化的荷载分布情况及长壁开采引起的地表沉陷规律；D. K. Ingram，M. A. Trevits 基于钻孔深部基点监测资料，分析了长壁开采引起的覆岩变形特征；A. K. Bhattacharyya，D. M. Shu 用反分析方法研究了地表沉陷的数学模型和岩石力学参数、宽深比等对最大下沉值和下沉曲线形态的影响；V. I. Dimova，I. V. Dimov 从预计和保护两方面探讨了地表沉陷的正问题和反问题；V. S. Rao 通过分析印度矿井的沉陷资料，认为地表沉陷的发展是一个非连续过程，覆岩中的关键层起着至关重要的作用。

我国对矿山开采沉陷理论和控制技术的研究工作是从中华人民共和国成立以后开始的，经过几十年的努力，取得了丰硕的成果，积累了丰富的经验。刘天泉论述了矿山岩体采动影响与控制学的内容、特点；钱鸣高等提出了采场上覆岩层活动中的关键层理论，建立了关键层的判别准则；王金庄等提出了偏态垮落的概念，认为偏态垮落是导致地表下沉盆地偏态的根本原因；郝延锦等应用弹性板理论，建立了开采沉陷中的走向和倾向主断面预计模型以及地表全断面预计模型；邓喀中等研究了开采沉降中的岩体结构效应；许家林等就深部开采覆岩关键层对地表沉陷的影响进行了研究，结果表明，对于倾斜煤层而言，开采深度的增大意味着基岩厚度的增加，从而引起深部开采覆岩关键层层数一般多于浅部开采，深部开采覆岩主关键层位置距开采煤层的距离一般大于浅部开采；高延法等提出了覆岩移动"四带"模型，研究了地表水平移动机理，提出水平下沉曲线的超椭圆函数绘制方法和岩层参数的反分析方法——三次样条函数法；张庆松等结合开采沉陷计算中力学参数反演的特点，应用神经网络技术实现了覆岩力学参数的三维位移反演；王金庄等研究了连续大面积开采条件下托板控制岩层变形模型；邓喀中等进行了开采沉陷岩体结构效应研究，建立了开采沉陷层面滑移的三维模型，分析了覆岩沉陷的节理变形机理和层面效应对岩层及地表移动的影响；腾永海认为当岩层移动达到拐点即最大下沉速度时，离层迅速发育，当岩层移动达到最大曲率时，岩层处于悬空状态，离层完全形成；李永树等探讨了任意分布形式煤层开采地表移动的计算方法、下沉盆地体积计算方法以及地表下沉盆地偏态形成机理等问题；吴侃通过对概率积分法预计模型的修正，提出了开采引起地表任意点动态应变分量的计算方法，将地表点的变形同第四系土层的力学性质结合起来，得到了地表裂隙分布规律的动态计算模型；张顶立基于煤系的层状岩体结构特征，对煤矿长壁开采工作面上覆岩层的活动特点和运动过程进行了深入的分析，提出了上覆岩层运动的三种基本模式；王悦汉等进行了重复采动条件下覆岩下沉特征的研究，推导了重复采动条件下地表及岩体内部下沉系数的计算公式；范洪冬等提出了开采沉陷动态参数预计的三次指数平滑法；崔希民等以拖带坐标描述法和 S-R 分解定理的非线性几何理论为基础，将开采覆岩移动视为一个复杂的物理力学大变形过程，建立了开采沉陷预计方法；于广明从非线性科学的角度讨论分析了矿山开采沉陷的复杂性；梁运培提出了采场上覆岩层移动的组合岩梁理论，并建立了关键层、岩层组合以及岩层间离层的统一判别准则；郝延锦等总结出放顶煤开采条件下覆岩断裂角、冒裂带发育高度的基本变化规律；张建全等采用相似材料模拟实验方法，研究了采场上覆岩层的"三带"特征及分布规律，确定了离层空间的形态特征、存在范围及发展传播规律，并分析了它们与工作面推进度的关系；徐乃忠研究了覆岩离层的发育规律，建立了离层形成的力学模型，提出离层注浆减小地表沉降的控制层理论，并研究了开采尺寸对离层形成的影响，得到了有利于离层注浆减沉的最佳开采尺寸，进一步探讨了影响注浆效果的因素；郭文兵等在综合分析条带开采地表下沉系数影响因素的基础上,采用神经网络方法建立了条带开采地表下沉系数的计算模型;王卫华等应用神经网络进行了开采沉陷覆岩参数的反分析。此外,灰色系统理论、模糊数学方法、分形理论、神经网络方法用于开采沉陷研究也取得了一些积极成果,这些研究成果都极大地丰富和发展了矿山开采沉陷理论。

1.2.2 开采沉陷预计方法研究现状

开采沉陷预计是指对一个计划进行的开采区域,在进行开采之前,根据其地质采矿条件和选用的预计函数及参数,预先计算出受此开采影响的岩层或地表的移动和变形的工作,开采沉陷预计是进行地表建筑物保护和开采沉陷环境影响评价的基础。

1.2.2.1 开采沉陷预计方法

开采沉陷预计方法,按建立计算方法的途径可分为经验方法、影响函数法和理论模拟法。

（1）经验方法

经验方法是当前较为可靠的一种预计方法,它通过对大量开采沉陷实测资料进行数据处理,确定预计移动变形值的函数形式和预计参数的经验公式,这种方法在相当长的时间内得到了广泛的应用。常用方法有典型曲线法和剖面函数法。典型曲线法是用无因次的典型曲线表示移动盆地主断面上的移动和变形曲线的一种方法,适用于相同地质采矿条件下矩形或近似矩形采区的地表移动和变形预计。我国常用的具有代表性的典型曲线法主要有峰峰矿区、平顶山矿区典型曲线。常用的隐函数有典型曲线、诺谟图、图表等,常用的显函数有负指数函数、双曲正切函数、三角函数、误差函数等。剖面函数法的实质是用剖面函数来表示各种开采条件下主断面内典型移动变形的分布情况,剖面函数是典型曲线的解析函数表达式,我国许多矿区进行地表移动变形预计时都曾使用过多种剖面函数法,其中最具有代表性的是负指数函数法。

（2）影响函数法

影响函数法是从经验向理论模型计算过渡的一种方法,它首先于 1925 年由德国的凯因霍尔斯特提出,后经巴尔斯(1932)、别耶尔(1944)、扎恩(1944)、克诺特(1950)逐步完善和系统化。之后,波兰学者李特威尼申(Litwiniszyn,1954)院士创立了岩层移动的随机介质理论。在此基础上,我国学者刘宝琛、廖国华提出了较为实用的概率积分法。这种方法的原理是根据理论研究或其他方法确定微小单元开采对岩层及地表的影响,然后把整个开采对岩层与地表的影响看作采区内所有微小单元开采影响的总和,据此计算整个开采引起的岩层与地表移动,所用的预计参数通常由实测资料求得或经验类比得到。早期影响函数法主要有巴尔斯法、别耶尔法、扎恩法、埃尔哈尔特-佐埃尔法和克诺特-布德雷克法,其中具有代表性的方法为克诺特-布德雷克法,该方法选用高斯曲线作为分布曲线,对近水平煤层开采的沉陷预计结果比较理想。目前影响函数法的主要原理有等效原理、边界角原理、叠加原理、旋转原理、互换原理、传递原理以及体积不变原理等。

（3）理论模拟法

在岩层和地表移动变形计算中,经常遇到一些复杂的地质采矿条件,如岩体存在断裂构造、各岩层的岩性很不均匀、地形起伏较大、井下采空区很不规则等情况,沉陷预计时采用常用的解析方法求解非常困难。因此,在满足工程要求的情况下,采用理论模拟法求解是十分必要的。理论模拟法是把岩体抽象为某个数学、力学或数学力学的理论模型,按照这个模型计算煤层开采后受开采影响范围内岩体产生的移动、变形和应力分布情况。常用的理论模拟法主要有有限单元法、边界单元法和离散单元法以及物理模拟法等,根据模型材料的不同可分为弹性介质、弹塑性介质、黏弹性介质、松散介质等。目前,岩层和地表移动变形计算正朝着自动化、智能化、复杂化和直观化方向发展。在自动化方面,可根据已有的观测资料反演参数,并计算不同开采方案下的开采沉陷问题。在智能化方面,可由开采沉陷计算理论和专家系统进行辅助设计与决策。在复杂化方面,不仅能进行倾斜煤层开采及岩层内部移动变形计算,而且可计算复杂地质采矿条件下的移动变形,同时还可进行应力的分析与计算。在直观化方面,各种计算结果可直接绘制出曲线图、等值线图和三维立体图等。

1.2.2.2 开采沉陷预计方法的研究现状

我国开采沉陷研究工作者经过几十年的努力和探索,已建立了适合我国实际条件的多种沉陷预计方法,这些方法主要有概率积分法、负指数函数法、典型曲线法、积分网格法、韦布尔分布法、样条函数法、双曲函数法、山区地表移动变形预计法、三维层状介质理论预计法和基于托板理论的条带开采预计法,另外还有近年来发展起来的力学预计法。在这些众多预计方法中,积分网格法已很少应用,而双曲函数法仅是针对某些矿区特殊地质开采条件才可应用。

近年来在开采沉陷预计方面取得的主要研究成果有:李永树根据概率积分法的基本原理,基于褶曲构造地层、任意形状空间开挖条件下地表点在任意方向的移动与变形值预计方法,并考虑复杂地质和开挖等因素,推导出了不规则形状地下空间开挖条件下地表移动与变形预计公式;郭增长等提出了以正态分布函数为预计模型,采用概率积分法预计极不充分采动条件下地表沉陷的方法,该方法直接采用下沉率为预计参数,解决概率积分法预计极不充分采动时难以选取拐点偏移距的问题,提高了极不充分采动条件下地表移动和变形的预计精度;戴华阳等在概率积分法预计方法的基础上,通过引入开采沉陷率和拐点偏移距关于宽深比的玻尔兹曼函数,建立了不同开采充分程度的开采沉陷预计模型,为各类非充分开采的岩层和地表移动计算提供了新的统一数学模型;郭文兵等在综合分析概率积分法参数与地质采矿条件之间关系的基础上,采用人工神经网络方法建立了概率积分法参数选取的模型,该模型采用改进的 BP 优化算法,运用我国典型的地表移动观测站资料作为学习训练样本和测试样本,对网络模型的计算结果与实测值进行了对比分析。另外,翟英达利用模拟荷载法及无限大弹性地基板理论,分析了开采沉陷的力学机理,建立了煤层开采所导致的采空区上覆岩层下沉量基本计算公式,为开采沉陷预计提供了理论基础;张庆松等利用粗糙集理论,对不同矿区 36 个工作面的岩层移动观测资料进行了分析,得到了地质开采条件和地表沉陷之间的依赖关系,建立了以粗糙集作为前处理器,基于粗糙集与神经网络的开采沉陷预计模型。此外,还有很多学者从不同角度对开采沉陷预计问题进行了较为系统的研究,这些研究成果对矿山开采沉陷预计及控制具有极其重要的意义。

1.2.3 采场覆岩离层带注浆减沉技术研究现状

1.2.3.1 开采沉陷控制方法

开采实践表明,地表的移动变形值与最大下沉值成正比,为了减小覆岩的移动变形,有效降低地下开采对地面建筑物或构筑物的损害程度,人们根据采场覆岩破坏特征先后采用了留设煤柱保护地面建筑物、水体(含水层)、铁路等地面设施,继而采用了水砂充填(或风力充填)技术、部分开采(条带开采、房柱式开采、限厚开采)以及协调开采等井下开采措施控制地表移动与变形。人们在采取控制岩层移动变形措施时,同时采取了抵抗岩层移动变形措施,如建筑物加固,建抗变形建筑,对铁路及时起道、拨道、串道等维护办法,以及河流改道、疏降含水层等,有时也将井下开采措施和地面维护措施结合起来使用。最近我国先后在抚顺、大屯、开滦、新汶、兖州等矿区实验采用在覆岩离层带内部高压注入粉煤灰浆液的办法控制覆岩移动变形。

(1) 井下采空区充填法

采空区充填是煤矿绿色开采的一种重要方式,从理论上讲,采空区充填开采是解决煤矿开采环境问题的有效途径。波兰于 20 世纪 50 年代初就广泛采用水砂充填等井下采空区充填方法减缓地表沉陷,我国也曾在数个矿井进行了井下充填法开采实验,如抚顺胜利矿、新汶协庄矿、焦作演马庄矿以及南京青龙山矿等。近年来,由于充填材料来源问题与充填开采成本相对较高,这一技术在煤矿开采中的进一步应用受限,目前我国已较少采用这种方法解决开采损害问题。但是,充填开采无论是从减小地表移动变形保护地面建筑物方面,还是从减少煤炭资源浪费方面来考虑,都是一种较好的建筑物下开采沉陷控制方法,在条件允许的情况下是一种有效的甚至是最佳的沉陷控制措施。

(2) 部分开采法

部分开采法主要包括条带开采、房柱式开采和限厚开采等方法,该方法利用留下的矩形或条带形煤柱支撑上覆岩层,从而减缓地表的移动变形。在国外,房柱式开采方法应用较多,在国内,条带开采是目前建筑物下采煤控制地表沉陷的主要技术途径。条带开采方法的原理是在被开采煤层中采一条带、留一条带,间隔进行煤炭开采,使用固定保留条带煤柱支撑上覆岩层,达到控制地表移动变形、保护地面建(构)筑物的目的。我国自抚顺胜利矿1967 年利用充填条带法进行市区下采煤以来,已先后在抚顺、阜新、蛟河、峰峰、鹤壁、平顶山、徐州等多个矿区进行了条带开采的实验与实践,创造了巨大的社会和经济效益,取得了许多有益成果。由于我国矿区村庄密集,村庄搬迁费用巨大,为解放村庄下压煤,条带开采作为一种减少地表沉降的特殊采煤法,近年来在建筑物下、铁路下压煤开采中得到了广泛应用,并取得了一系列成功经验。

近年来我国学者利用经验和理论方法探讨了条带煤柱的留设尺寸、采留比、煤柱稳定性及条带开采沉陷预计等问题,但是,随着开采深度的增加和煤层厚度的增大,条带开采控制地表沉陷最大的缺点是煤炭永久损失率较高。虽然有学者提出并进行锚杆或锚索加固条带煤柱以缩小煤柱尺寸的实验,但已有的条带开采实例表明工作面的采出率大多仅为 30%～50%。另外,若条带煤柱尺寸过小,在采场上覆岩层压力作用下条带煤柱长期稳定性降低,则会引起覆岩及地表二次沉陷问题,这是条带开采方法大规模用于地表沉陷控制的主要瓶颈。

(3) 协调开采法

协调开采是根据开采顺序、开采方向实现减小地表变形破坏,进而保护地表建筑物的一种开采方法。协调开采的原理是使不同工作面开采时一个工作面产生的拉伸变形区和另一个工作面产生的压缩变形区相互重叠,从而使部分变形相互抵消,进而达到减小地表各种移动和变形值的目的。

协调开采分为同一煤层内工作面之间的协调开采和上下两个煤层之间的协调开采。同一煤层内工作面之间的协调开采采用两个及以上工作面组成一个台阶状的长工作面,使开采后被保护建筑物下不出现开采边界,并使建筑物位于几个工作面开采引起的移动盆地的中部各种变形值较小的区域。在开采过程中,各工作面错开一定距离,使每个工作面开采引起的变形值互相抵消,每两个工作面错开的距离应根据开采条件和地表移动规律来确定。两个煤层协调开采时,各工作面间应当错开的最佳距离是使两个煤层所产生的拉伸变形区和压缩变形区分别重叠,使拉伸变形和压缩变形尽可能相互抵消,从而减小地表的不均匀下沉。

协调开采方法对地表建筑群下的开采沉陷控制比较有效,该方法一般应用于城镇建筑群下的保护开采,也可应用于控制地质滑坡灾害等控制开采。采用这一方法时应使两个工作面尺寸、推进方向及开采时间等方面相互配合、协调平衡,否则会使两个工作面开采后引起的变形值相互叠加,加剧地面建筑物的破坏程度。

(4) 覆岩离层带注浆减沉技术

覆岩离层带注浆减沉技术是一项新兴的覆岩运动与地表沉陷控制技术,其基本原理是地下煤层开采后将注浆浆液经高压泵加压后通过地面钻孔注入覆岩产生的离层带中,沉淀压实的注浆材料灰体支撑上覆岩层,以达到控制上覆岩层下沉、减缓地表沉陷的目的。该技术与其他开采沉陷控制方法相比最大优点是地面注浆工作与井下生产互不干扰,无须改变现有矿井的开拓生产系统。该技术既可单独采用,又可与其他措施联合使用,吨煤成本增加有限,有利于实现高产高效生产;同时,将注浆材料(煤粉灰)注入覆岩离层空间内,可实现废物利用,减少电厂粉煤灰占地费用,保护地面环境。

1.2.3.2 覆岩离层带注浆减沉技术的研究现状

国外有关覆岩离层注浆减沉技术的文献资料较少。其中,波兰曾在20世纪80年代初进行过该项实验,通过钻孔将工业废料充填至采动覆岩离层空隙支托上覆岩层,地表下沉值比垮落法开采减少20%～30%;美国在伊利诺伊、密歇根、北达科他等州,采用覆岩及采空区注浆(水泥或粉煤灰)的办法,控制房柱式开采覆岩及矿柱的稳定性,从而起到控制地表沉陷、保护地面建筑物的作用。

我国的注浆减沉技术研究始于1985年,当时由阜新矿业学院范学理教授、抚顺矿务局齐东洪高工提出,之后随着该技术从理论到实践的不断完善,该技术在国内的应用实例增多,迄今为止已先后有抚顺老虎台矿、新汶华丰矿、大屯徐庄矿、枣庄田陈矿、兖州东滩矿、济宁二号矿和开滦唐山矿等各类不同条件矿井进行了注浆减沉实验,并取得了不同的减沉效果,积累了大量的注浆减沉工程经验和资料。

1995年以后关于注浆减沉控制地表沉陷的理论研究更加活跃,专家学者通过现场实验、地表实测数据反演及离散元、有限元动态数值计算,建立层状力学模型、组合板变形力学模型,结合压力拱理论、复合岩梁理论以及关键层理论等,从不同侧面对覆岩离层发展的时空规律、离层产生的条件、离层注浆充填工艺系统优化、离层充填减沉效果评价方法等内容进行了研究分析,丰富了覆岩离层注浆充填技术体系的内涵。钱鸣高等提出了岩层控制的关键层理论;许家林等基于岩层移动关键层理论,通过实验与理论研究证明了采动覆岩离层位置主要出现在关键层下,并揭示了离层分布的动态规律,在此基础上论述了覆岩离层注浆减沉钻孔布置的原则,为注浆减沉钻孔设计提供了理论依据;郭惟嘉等将层状岩体视为各向同性材料,采用傅立叶积分变换得出了水平煤层开采覆岩离层的解析表达式,同时采用动态模型辨识和参数识别及相似材料模拟方法,对采动覆岩离层的动态发育规律进行了探讨,在分析华丰矿地质开采环境特征的基础上,探讨了采动覆岩移动特征及冲击地压和地表斑裂产生的机理,提出了相应的防治措施,为矿井开采灾害的环境治理提供了依据;张玉卓探讨了覆岩产生离层的条件,分析了覆岩离层的发育演化规律,提出了注浆减沉预计的影响函数法;王金庄等深入探讨了覆岩离层注浆减沉效果的评价方法,得出大采深、窄采宽条件下覆岩采动程度系数小时地表沉陷预计误差大的结论,并提出了注浆减沉效果评价的合理方法;范学理等根据已有注浆减沉工程的实验效果,研究了注浆浆液在离层内的流动规律和存在状态,指出了进一步提高注浆减沉效果的技术途径和应用条件;徐乃忠系统地探讨了注浆减沉机理,研究了离层发育规律和力学模型,提出了注浆减沉的控制层理论和注浆减沉效果的评价方法,分析了开采尺寸对离层形成的影响;赵德深通过注浆减沉的相似材料模拟实验研究,揭示了覆岩内部离层产生和发展的时空规律,探讨了浆液在离层内的流动规律;邓喀中等研究了煤层开采后采动岩体的破裂发展规律;高延法等基于唐山矿注浆减沉工程实例,提出了覆岩离层注浆减沉工程中起到减沉作用的是在离层内沉淀压实后形成的粉煤灰湿灰体这一学术观点,根据灰体分布对覆岩下沉的影响,建立了注采比的概念,提出了基于注采比的地表沉陷预计理论与方法,根据覆岩离层产生机理,提出了多层位注浆减沉技术,通过唐山矿注浆减沉工程实践,进一步发展、完善并形成了覆岩离层带多层位连续注浆减沉技术;张庆松在覆岩力学参数反分析的基础上,进行了覆岩离层发育规律的动态数值仿真分析,采用流变力学模型,用接触单元模拟层间弱面,揭示了随采场推进离层从产生到闭合的动态发育规律,基于注浆减沉的理论与实践提出了井下开采控制与覆岩注浆相结合的沉陷控制方法,即井下跳采与地面注浆相结合及条带开采与地面注浆相结合的综合控制方案,分析了各方案覆岩移动变形规律和存在的相关问题,该研究对提高资源回收率与控制地表沉陷具有重要意义;另外,姜岩、杨伦、吴侃、滕永海、康建荣、麻凤海、连传杰、李新强、谢兴华等也从不同方面对注浆减沉的机理进行了研究,并取得了众多理论成果。

从上述离层注浆减沉工程实践和理论研究可以看出,经过几十年的发展,通过专家学者的深入研究,覆岩离层注浆减沉技术不断改进达到了理论与实践均较为完善的地步,积累了许多宝贵经验。在对离层现象有了初步认识的基础上,经过系统研究,人们掌握了离层的分布与发展规律,进而开发出了与之相适应的地表沉陷控制技术,并在多年的应用中进一步完善了注浆设备、工艺、材料等方面的配套工程,使该技术成为地表沉陷控制行之有效的新途径。当然,任何一种技术都并非万能技术,在某些条件下可能需要与其他措施相配合才更为有效。同时,由于地层结构的复杂性,覆岩离层的产生、发展及闭合是一个动态发育过程,因此,覆岩离层动态发育规律还有待进一步深入研究。

1.2.4 采场覆岩离层发育规律相似材料模拟实验研究现状

相似材料模拟实验是以相似理论为基础的模型实验技术,是利用事物或现象间存在的相似和类似等特征来研究自然规律的一种方法。它特别适用于那些难以用理论分析的方法获取结果的研究领域,同时也是一种用于对理论研究结果进行分析和比较的有效手段。近年来,该领域的研究成果主要有:张建全等通过相似材料模拟实验揭示了综放开采条件下,采场上覆岩层离层带内重新分布的应力大小、方向及其发展变化规律,该应力的存在和变化规律是确定覆岩离层注浆时间、注浆压力和维护注浆管路的依据;邓喀中等在相似材料模型实验基础上,获得了岩体破裂、离层裂缝发育及采动岩体碎胀规律,给出了计算离层裂隙带高度和长度及确定注浆孔位置的表达式,为离层注浆钻孔位置确定及注浆层位选择提供了理论依据;顾大钊对相似材料的配制及相似材料模型和实验台的选择做了系统的研究;李树刚基于相似材料模拟实验,得出综放开采覆岩离层裂隙变化形态,给出了关键层初次破断前后离层裂隙当量面积和当量流径的理论解;崔希民等根据相似理论,对潞安矿区综放与分层开采岩层与地表移动规律进行了相似材料模拟实验研究,获得了岩层与地表移动参数,研究成果对指导潞安矿区减小采动损害及保护煤柱留设具有实际应用价值;戴华阳等以山西阳泉矿区某矿为地质原型,制作了两个实验模型,将相似材料模拟实验应用于平原与山区地下开采引起的地表移动问题研究,分别模拟相同地层条件下山区与平原受采动影响的移动变形情况,通过对模型观测资料的分析与处理,揭示了山区地表移动与变形的特点和基本规律;康全玉等通过对平顶山天安煤业股份有限公司八矿多煤层同采条件下,下部煤层开采对上部煤层开采影响的相似材料模拟实验结果的分析,得出了下组煤层开采时上覆岩层的移动及变形规律,总结出了有关岩层移动变形参数及上下组煤层开采采动影响的时空关系;崔希民等针对相似材料模拟实验研究的现状和特点,从相似原理、相似材料、边界条件、温度及湿度等方面对岩层与地表移动模拟实验的误差来源进行了分析,将实验误差分成了可控制、可改正和不可避免的三类,从理论上研究了压缩下沉和模型边界开裂引起的移动误差分布规律,为移动变形观测数据曲线形态异常的改正提供了理论依据,有助于提高相似材料模拟实验的精度;许家林等基于岩层控制关键层理论,通过相似材料模拟实验及 UDEC 与FLAC 数值模拟计算,对岩层移动模拟研究中将部分岩层省略,而代之以均布荷载作用在模型上部边界的做法所存在的问题及应遵循的原则进行了研究,结果表明当简化为均布荷载的岩层中包含关键层时,将引起岩层荷载分布特征的改变,从而导致岩层破断距模拟结果的失真,只有主关键层上部的岩层可以简化为均布荷载,包含关键层时不能简化为均布荷载。

通过相似材料模拟实验方法研究地下开采引起岩层内部的移动和变形规律,揭示煤层开采上覆岩层中断裂、破坏、移动与变形及离层的产生、发展变化的时空过程,这种方法实验现象直观,可以为实施离层注浆充填减沉技术及工程实践提供科学依据。

1.3 开采沉陷与注浆减沉课题中需要进一步研究的问题

综上所述,近年来覆岩移动变形规律与注浆减沉控制技术研究有了很大发展,然而仍存在一些尚需进一步解决的问题,主要有:

(1)相似材料模拟实验方面

由前述文献可以看出,以往的相似材料模拟实验都是在实验环境开放的条件下进行的,而实验中采用的相似材料一般都含有气硬性或水硬性原料,当实验的环境条件改变后,材料的性质也会随时间的延续发生相应改变,从而引起实验结果的误差。因此,养护条件(主要是湿度、温度和时间)对实验结果的可靠度影响比较大。

从理论上讲,相似材料模拟实验方法研究覆岩移动变形规律可以获得定量实验结果,但由于多种原因,实验结果的可靠性有待商榷,至今通过实验仅可以获得定性的结论。其中最主要的原因是相似材料的养护方式和养护环境对相似材料的力学性质有很大的影响,由于实验环境的温度和湿度在不同地域、不同季节和不同天气等条件下有着很大差异,而现在大多实验是在非控制的自然环境下进行的,当实验模型铺设完毕后,实验环境发生变化,模型所处空间的温度、湿度等外界条件随之改变,模型材料的含湿量逐渐降低,致使模型材料干燥固化后力学参数离散性较大,很难保证与设计力学参数一致,实验结果往往会产生较大的误差。所以,进行相似材料模拟实验时应严格控制实验环境条件,保持模型空间的温度和湿度恒定,减小实验结果误差,提高实验结果的可靠度。

（2）岩移观测资料的应用方面

地面建筑物和构筑物的采动损害程度主要取决于地表移动变形量、建筑物本身大小和结构以及地基的地质条件三方面的因素,然而这三个因素又受到诸多条件和不断变化的相关因素所制约。因此,建筑物压煤开采与保护,是一项涉及面广泛、问题复杂、难度较大的课题。为此,必须解决好各种地质采矿条件下地表移动与变形计算问题,探讨减小地表移动变形的开采控制方法。目前世界各国的专家学者都非常重视岩移观测资料的积累和数据的处理工作。我国自 20 世纪 50 年代开始在各大矿区开展岩移观测工作以来,积累了大量的观测资料,然而对这些资料的处理一般仅停留在有关岩移参数求取等层面上,如何从这些资料中挖掘出更深层次的信息,进而发现蕴藏于这些观测数据中的深层次规律是一个值得研究的问题。

（3）覆岩离层注浆减沉工程中相关问题

覆岩离层注浆减沉技术能否有效控制地表沉陷,并在现场得到大规模应用,从根本上说取决于该项技术的注浆减沉效果和工程成本。理论上覆岩离层注浆减沉技术中有待进一步研究的问题有:

一是采场覆岩结构演变与离层动态发育规律。对于注浆减沉工程来说,注浆的开始和结束时间是关键时间点,为了准确把握该关键时间点,需要研究不同采动条件下离层发生、发展、稳定直至逐渐趋于闭合的动态过程,探索离层发育过程与覆岩岩性及结构、煤层开采条件之间的时空关系。

二是注浆减沉机理。包括粉煤灰及其浆液的物理力学性能,注浆浆液流动及沉淀规律,离层带内注浆充填体的分布形态及充填体分布形态对地表下沉曲面形态的影响。

三是采动覆岩离层空间体积预计方法与注浆减沉条件下地表沉陷预计方法。

1.4　研究内容与研究方法

1.4.1　研究内容

（1）环境控制条件下新型相似材料模拟实验技术与理论研究

① 研究相似材料模拟实验中相似材料的力学参数与材料含水率之间的关系。

② 通过相似材料模拟实验得到恒温恒湿条件下相似材料的老化过程曲线。

③ 研究相似材料模拟实验中相似材料试件的流变力学特性。

④ 根据相似材料模拟实验结果建立实验误差补偿理论。

（2）采场覆岩结构演变规律及离层发育规律研究

① 研究采场覆岩离层产生的条件,以及在不同的采动条件下,覆岩离层发育层位,离层

的产生、发展、稳定直至逐渐趋于闭合的动态发展过程。

② 研究采场覆岩离层空间体积的预测理论与方法，覆岩离层最大注浆量预测理论，充分采动条件下采场覆岩离层注浆的效果与规律。

③ 研究覆岩离层带内注浆充填体的分布形态，以及其对地表下沉曲线形态的影响，地表减沉率与注采比的函数关系，注浆减沉条件下的地表沉陷预计理论。

（3）注浆材料物理化学性能与采场覆岩离层带内注浆浆液流动规律研究

① 研究注浆材料及其浆液物理化学性能，不同注浆材料配比浆液的沉淀性能。

② 研究采场覆岩离层注浆浆液纵向与层向流动范围及注浆材料沉积形态。

③ 研究采场覆岩离层注浆浆液离析水的渗流规律，建立浆液水渗流模型。

1.4.2　研究方法

本书主要采用室内实验、现场实测与力学分析方法对上述内容进行研究。通过实验室实验方法对环境控制条件下覆岩离层动态发育规律新型相似材料模拟实验以及粉煤灰物理力学性能与注浆浆液流体力学性能测试研究，得到离层带的形成条件，可注浆离层层位的上限与下限，不同开采条件下离层从生成、发展直至最后闭合的周期，离层的空间形态与体积等；通过采场覆岩离层动态发育规律数值仿真分析，模拟得出煤层开采后覆岩离层在走向和倾向两个主断面上随开采的动态发展规律；通过现场实测的方法对采场覆岩运动与离层动态发育规律进行研究，得到地下煤层开采后采场覆岩导水断裂带的发育高度，以及采场覆岩离层发育程度与工作面开采进度和采动充分程度之间的关系；根据室内实验、数值仿真分析与现场实测结果，利用力学分析方法对采场覆岩结构演变进行系统分析，得到采场覆岩结构演变动态模型。上述研究所得成果可以为采场覆岩离层注浆减沉工程设计、实施，以及对注浆减沉效果进行总结分析提供依据。

2 采场覆岩离层动态发育规律
相似材料模拟实验研究

相似材料模拟实验的理论基础是相似理论,它是利用事物或现象间存在的相似和类似等特征来研究自然规律的一种方法。它特别适用于那些难以用理论分析方法获取结果的研究领域,同时该方法所得到的结论可以用来验证理论分析得到的研究结果,二者相辅相成。相似材料模拟实验具有以下特点:① 该方法能够突出所研究问题的主要矛盾,可以严格控制模拟对象的主要参量,不受外界条件的限制;② 实验模型容易制作,与原型实验相比,节省人力、财力和时间;③ 实验现象比较直观,能够捕捉原型实验中不易察觉的现象,可以测试原型不便观测的关键参数。

2.1 恒温恒湿新型相似材料模拟实验方法

从理论上讲,相似材料模拟实验可以获得定量的实验成果,但事实上由于各种原因和条件限制,至今仅仅可以获得定性的结论。随着人们研究的逐步深入,对实验精度要求越来越高,相似材料模拟实验成果的应用不仅局限于对问题的定性研究,更需要对实验结果进行定量化研究,这就需要严格控制实验条件,尽可能地使模拟实验条件与现场实际条件保持一定的相似性。而以往的相似材料模拟实验是在开放的自然环境下进行的,通过实验发现在模型铺设以及养护期间模型的尺寸会发生变化,模型的总高度减小,同时,模型与实验框架间会出现裂缝。分析认为,出现这些现象的原因是模型养护期间实验环境的气候条件发生了变化,特别是环境温度和相对湿度这两个影响因素较敏感,当实验环境的相对湿度降低时,模型材料中的水分会通过对流、蒸发的方式散失到外界环境中,而实验环境温度的变化会影响材料中水分的散失速度。因此,温度和相对湿度的改变引起模型材料的干燥收缩、固化,使材料的力学参数产生离散化而很难保证与设计的力学参数一致,致使实验误差往往较大。

实验环境的温度和相对湿度受季节和天气的影响,随着季节的变换,自然环境的温度变化幅度较大,比如在冬季,实验环境的温度一般最高不会超过 10 ℃,而在夏季温度又会高于 30 ℃。而相对湿度变化的影响因素比较复杂,一方面受季节的影响,比如在春季和秋季,空气比较干燥,相对湿度较低,最低仅为 48% 左右,而夏季空气相对湿度较高,最高可达 96%;另一方面,相对湿度还受天气条件的影响,如果在雨季,由于降雨量较大,自然环境的相对湿度会相应增大。有人曾经做过实验,先测得某一实验环境的相对湿度后,再在地面上喷洒一层水,使水分自然蒸发,经过 2 h 后再测空气的相对湿度,湿度值会增大 10%～20%。图 2-1 为自然环境条件下不同季节空气相对湿度随时间变化曲线图,从该曲线可以看出,不同季节空气相对湿度变化比较明显。

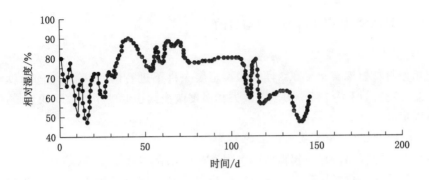

图 2-1　自然环境条件下空气相对湿度变化曲线

为了消除实验环境温度和相对湿度对实验结果精度的影响,创建了可进行实验环境条件控制的新型恒温恒湿相似材料模拟实验室,将覆岩离层相似材料模拟实验在环境条件可控制的实验室内进行,从而模拟实验结果更加接近实际情况。新型恒温恒湿相似材料模拟实验室如图 2-2 所示。该实验室为一长方体形状,尺寸为长×宽×高＝5 m×2 m×2.5 m,板材选用保温效果较好的彩钢复合夹心板,材料轻便,组装拆卸容易。该装置是一可以拆卸的组装式结构,将实验环境与外部自然环境隔离,在模型铺设前先把该装置拆除,待实验模型铺设完毕后立即进行组装,使实验环境与自然环境隔绝,通过温度计、相对湿度计监测实验环境温度和相对湿度。为了保持实验环境的温度和相对湿度不变,采用温度调节器控制实验环境的温度,采用空气加湿器调节实验环境的湿度,这是一种简单易行、费用低廉的实验方案。

图 2-2　恒温恒湿相似材料模拟实验室

2.2　采场覆岩离层动态发育规律相似材料模拟实验

所谓相似材料模拟是指基本参数相同情况下的模拟,这时模型和原型参数呈一定比例,二者的物理性质基本一致,只是各个物理量的大小不同。因此,相似材料模拟是保持物理本质一致的模拟,这种方法作为室内研究的一种重要手段,具有研究周期短、成本低、成果形象直观且可以严格控制模拟对象的主要参量等优点,已被广泛应用于矿山开采岩层移动规律研究中。

2.2.1 新型相似材料模拟实验的特点与目的

2.2.1.1 新型相似材料模拟实验的特点

新型相似材料模拟实验是在封闭的恒温恒湿条件下进行的,实验环境的温度和湿度得到有效控制,避免因模型材料中的水分散失和温度改变而引起的干燥收缩变形量,实验结果的精度得以提高。

2.2.1.2 新型相似材料模拟实验的目的

在新型恒温恒湿相似材料模拟实验室中进行采场覆岩离层发育规律模拟实验,研究地下煤层开采后采场上覆岩层变形破坏及结构演变过程,分析覆岩离层从产生、发展到闭合的发育规律,获得离层层位产生的高度范围、发育时间以及离层裂缝宽度等实验结果。

2.2.2 新型相似材料模拟实验的基本原理

覆岩移动相似材料模拟实验的实质是根据相似原理,将一定范围的矿山岩层按一定比例缩小,用相似材料做成相应实验模型,然后在模型中模拟地下煤炭资源开采,观测模型开采过程中上覆岩层移动和破坏情况,根据实验过程中发生的实验现象和观测结果,分析和推测实际岩层运动规律。然而在实际地下开采过程中,采场地质条件极其复杂,地层结构相互交错,很难做到模型与原型结构、力学参数完全一致,这就需要在进行相似材料模拟实验时,根据实验目的和实验要求,找出影响实验结果的关键参数,尽量使这些关键参数的相似条件与原型保持一致,这样既可保证实验能够进行,又可满足实验精度的要求。

模拟实验中最重要的相似条件是使相似材料实验模型对比实际地层原型满足一定的比例要求,具体可分为三个相似:

(1)几何相似

模型需要和原型的几何形状相似,模型的几何尺寸(长、宽、高)与原型之间要成一定比例,即

$$\alpha_l = \frac{l}{L} \tag{2.1}$$

式中　α_l——几何相似常数,也称为模型比例尺;

　　　l——模型的尺寸(长、宽、高);

　　　L——原型的尺寸(长、宽、高)。

(2)运动学相似

模型需要和原型中所有对应点运动相似,运动时间上保持一定比例,即

$$\alpha_t = \frac{t_m}{T_h} \tag{2.2}$$

式中　α_t——时间相似常数,也称为时间比例;

　　　t_m——模型上点的运动时间;

　　　T_h——原型中对应点的运动时间。

(3)动力学相似

在力学性质上相似材料模型与原型维持相似称为动力学相似,即

$$\alpha_R = \frac{R_m}{R_h} \tag{2.3}$$

式中　α_R——应力相似常数；

　　　R_m——相似模型材料的力学特性；

　　　R_h——原型中岩石的力学性质。

相似材料模型各相似常数之间存在着如下的关系：

$$\begin{cases} \alpha_R = \dfrac{l}{L} \cdot \dfrac{\gamma_m}{\gamma_h} = \alpha_l \cdot \alpha_\gamma \\[2mm] \alpha_t = \dfrac{\sqrt{l}}{\sqrt{L}} = \sqrt{\alpha_l} \end{cases} \tag{2.4}$$

式中　α_γ——模型与原型之间的重度之比；

　　　γ_m——相似模型材料的重度，kN/m^3；

　　　γ_h——原型中岩石的重度，kN/m^3。

考虑实际相似材料模拟实验过程中并不能使所有相似条件同时满足，一般依据实验目的和要求，主要考虑较为关键的相似条件。依据本次实验的条件和目的，确定本次相似材料模拟实验中的相似常数如下：

① 几何相似比：$\alpha_l = l/L = 1 : 300$；

② 时间相似比：$\alpha_t = t_m/T_h = 1 : 17.3$；

③ 重度相似比：$\alpha_\gamma = \gamma_m/\gamma_h = 1 : 1.6$；

④ 应力相似比：$\alpha_R = \alpha_l \cdot \alpha_\gamma = 1 : 480$。

2.2.3　新型相似材料模拟实验设计

2.2.3.1　相似材料模拟实验对象基本条件

根据开滦唐山矿实际开采地质情况，选取该矿 T2192 综放工作面作为模拟对象。T2192 工作面为京山铁路煤柱首采区的第 3 个开采工作面，走向长度 960 m，倾斜宽度 150 m，煤层平均厚度 10 m，煤层倾角 12°。煤层埋深 577.6～649.4 m，平均埋藏深度 613.5 m。采煤方法为综合机械化放顶煤开采，垮落法管理顶板。工作面内煤层赋存稳定，无构造变化。基本顶为灰色细砂岩，厚度约 14.5 m，泥质胶结，具水平层理，薄层状。直接顶为灰色砂质泥岩，厚度约 4 m，主要成分为泥质，含砂质，硅泥质胶结。伪顶为灰色泥岩，厚度约 0.5 m，成分为泥质。直接底为深灰色泥岩，厚约 4.5 m，主要成分为泥质，泥质胶结。老底为深灰色砂质泥岩，厚度 2.0 m，泥质，含菱铁质结核，水平状分布。

模拟 T2192 综放工作面的岩层范围是由地表至煤层底板下 16 m 深的范围，累计厚度 593.90 m，其中基岩厚度 404.5 m，第四系冲积层厚度 189.4 m。

2.2.3.2　相似材料模型比例尺选择

基于相似材料模拟实验相似性的基本原理和开滦唐山矿 T2192 综放工作面实际开采地质条件，确定本次模拟实验的几何相似比 $\alpha_l = 1 : 300$，重度相似比 $\alpha_\gamma = 1 : 1.6$。由此可以得到应力相似比 $\alpha_R = \alpha_l \cdot \alpha_\gamma = 1 : 480$，时间相似比 $\alpha_t = \sqrt{\alpha_l} = 1 : 17.3$，弹性模量相似比 $\alpha_E = \alpha_l \cdot \alpha_\gamma = 1 : 480$。

2.2.3.3　相似材料模型配比确定

根据唐山矿京山铁路煤柱首采区内已有地质勘探钻孔山岳补-4 钻孔的资料，参照该区内岩层赋存状况，在确定相似材料配比之前，对该钻孔中的岩芯试件进行了单轴抗压强度、弹性模量和泊松比的测试,岩芯试件的测试值见表 2-1。

表 2-1　山岳补-4 钻孔岩芯试件实测力学参数

编号	岩层岩性	单轴抗压强度/MPa	弹性模量/MPa	泊松比	编号	岩层岩性	单轴抗压强度/MPa	弹性模量/MPa	泊松比
1	砂层与黏土互层	—	—	—	18	黏土岩、粉砂岩	51.0	9 890	0.123
2	中砂岩	49.2	9 210	0.123	19	细砂岩、黏土岩	42.7	8 700	0.180
3	中砂岩、细砂岩	51.0	19 890	0.125	20	细砂岩、中砂岩	51.0	19 890	0.125
4	粉砂岩	40.1	17 000	0.142	21	粗砂岩、粉砂岩	49.8	9 320	0.136
5	细砂岩	90.1	17 000	0.127	22	黏土岩	33.1	5 800	0.209
6	中砂岩	49.2	9 210	0.123	23	黏土岩	33.1	5 800	0.209
7	粗砂岩	51.0	9 890	0.125	24	细砂岩	90.1	17 000	0.127
8	中砂岩、细砂岩	51.0	19 890	0.125	25	砂质黏土岩	42.7	8 700	0.180
9	泥岩	33.1	5 800	0.209	26	煤	33.0	5 800	0.209
10	粉砂岩、细砂岩	41.1	8 460	0.142	27	细砂岩、中砂岩	51.0	19 890	0.125
11	粉砂岩	40.1	9 100	0.142	28	粉砂岩	40.1	9 100	0.142
12	细砂岩	90.1	17 000	0.127	29	煤	33.0	5 800	0.209
13	泥岩	33.1	5 800	0.209	30	粉砂岩	40.1	9 100	0.142
14	粉砂岩	40.1	9 100	0.142	31	砂质黏土岩	42.7	8 700	0.180
15	中砂岩	49.2	9 210	0.123	32	煤	33.0	5 800	0.209
16	细砂岩、粉砂岩	41.1	8 460	0.142	33	黏土岩	33.1	5 800	0.209
17	粉砂岩	40.1	9 100	0.142					

相似材料模拟实验结果的精度与可靠性不仅取决于主影响因素的选择与实验设计方法,同时也与相似材料的选择与配比有很大的关系。相似材料模型是由填料(或叫骨料)和胶结料两种原材料的混合物与水制作而成的,相似材料的混合物必须满足材料的某些力学性质与原型相似,且改变材料的配比能使材料的力学性质发生较大变化等要求。骨料是相似材料胶结料的胶结对象,石英砂(河沙)、岩粉或岩粒、云母粉等是常见的骨料。胶结材料选择在相似材料模拟实验中极为关键,相似材料的力学性质极大地受到胶结材料力学性质影响,石膏、石灰、黏土、水玻璃、水泥、油类、石蜡等都是相似材料模拟实验中常用的胶结材料。

本次 T2192 综放工作面相似材料模拟实验选择河沙、云母粉为骨料,石膏和碳酸钙作为胶结料,根据相似模拟实验原理及本次实验目的,并参照山岳补-4 钻孔岩层结构与试件力学参数测试结果,考虑模型铺设的可行性和合理性,对 T2192 综放工作面的实际地层进行了组合,遵循的原则是根据相似比及分层铺设的厚度,将厚度小于 1.5 m 的岩层组合到相邻上位或下位岩层中,相似材料配制结果如表 2-2 所示。不同模拟岩层之间用铺撒云母粉方式进行模拟岩层分层,表土层材料中添加少量锯末,用以模拟表土的松散效果。

表 2-2 山岳补-4 钻孔岩层结构与相似材料配制表

序号	岩性	原型		模型		配比号	密度 /(t/m³)	沙子质量 /kg	碳酸钙质量 /kg	石膏质量 /kg	水质量 /kg
		层厚/m	累厚/m	层厚/cm	累厚/cm						
1	砂层与黏土互层	189.4	189.4	63.1	63.1	664	1.6	69.9	6.9	4.7	9.1
2	中砂岩	21.7	211.1	7.2	70.3	464	1.6	34.6	5.2	3.5	4.8
3	中砂岩、细砂岩	24.2	235.3	8.1	78.4	464	1.6	29.1	4.4	2.9	4.1
4	粉砂岩	25.06	260.4	8.34	86.7	664	1.6	32.0	3.20	2.1	4.2
5	细砂岩	13.5	273.9	4.5	91.2	464	1.6	33.1	4.9	3.3	4.6
6	中砂岩	21.7	295.6	7.2	98.4	464	1.6	34.6	5.2	3.5	4.8
7	粗砂岩	19.8	315.4	6.6	105.0	464	1.6	31.5	4.7	3.1	4.4
8	中砂岩、细砂岩	24.4	339.8	8.1	113.1	464	1.6	29.1	4.4	2.9	4.1
9	泥岩	7.1	346.9	2.4	115.5	673	1.55	35.1	4.1	1.8	4.6
10	粉砂岩、细砂岩	9.61	356.5	3.2	118.7	464	1.6	45.9	6.9	4.6	6.4
11	粉砂岩	8.19	364.7	2.73	121.4	664	1.6	41.9	4.2	2.8	5.5
12	细砂岩	13.85	378.6	4.62	126.0	464	1.6	33.1	4.9	3.3	4.6
13	泥岩	6.22	384.8	2.1	128.1	673	1.55	30.8	3.6	1.54	4.0
14	粉砂岩	25.03	409.8	8.34	136.4	664	1.6	32.0	3.20	2.1	4.2
15	中砂岩	7.55	417.4	2.5	138.9	464	1.6	36.1	5.4	3.6	5.1
16	细砂岩、粉砂岩	11.55	428.9	3.85	142.8	464	1.6	27.6	4.14	2.76	3.83
17	粉砂岩	24.4	453.3	8.13	150.9	664	1.6	31.2	3.12	2.08	4.04
18	黏土岩、粉砂岩	10.88	464.2	3.63	154.5	755	1.55	27.6	1.97	1.97	3.5
19	细砂岩、黏土岩	10.29	474.3	3.4	157.9	746	1.55	26.1	1.49	2.2	3.3
20	细砂岩、中砂岩	8.94	483.2	2.98	160.9	464	1.6	21.3	3.20	2.01	2.96
21	粗砂岩、粉砂岩	10.04	493.2	3.35	164.3	464	1.6	24.0	3.60	2.26	3.33
22	黏土岩	4.73	497.9	1.58	165.9	864	1.55	24.3	1.82	1.21	3.04
23	黏土岩	5.64	503.5	1.88	167.8	864	1.55	29.0	2.17	1.45	3.62
24	细砂岩	6.13	509.6	2.04	169.8	464	1.6	29.2	4.38	2.92	4.06
25	砂质黏土岩	20.69	530.3	6.9	176.7	864	1.55	35.4	2.66	1.77	4.43
26	煤	3.19	533.5	1.06	177.8	755	1.55	16.1	1.15	1.15	2.04
27	细砂岩、中砂岩	12.25	545.8	4.08	181.9	464	1.6	29.2	4.38	2.92	4.06
28	粉砂岩	6.92	552.7	2.31	184.2	664	1.6	35.4	3.54	2.36	4.6
29	煤	2.13	554.8	0.71	184.9	755	1.55	10.7	0.77	0.77	1.37
30	粉砂岩	5.17	560.0	1.72	186.6	664	1.6	26.4	2.64	1.76	3.42
31	砂质黏土岩	8.62	568.6	2.87	189.5	864	1.55	22.1	1.66	1.10	2.76
32	煤	9.6	578.2	3.2	192.7	755	1.55	33.4	2.38	2.38	4.24
33	黏土岩	15.88	594.1	5.29	198.0	864	1.55	27.2	2.04	1.36	3.40

2.2.3.4 相似材料模型铺设

相似材料模拟实验的配比确定后,下一步就是实验模型的铺设工作。在这个过程中所用到的设备主要有模型架、护板、平底钢板(起整平模型作用)、实心滚筒(起压实模型作用)、铁锹、混合配料筒、电子秤和直尺等。

模型铺设过程可分为以下几步:

① 清理模型架及两侧护板。

将模型架及两侧护板清理干净,除去附着在表面上的土块及铁锈,保持护板表面平整;在模型架内侧涂抹一层润滑油,避免拆卸模型时可能导致的模型与模型架及护板间粘连,从而破坏模型外观和稳定性的问题。

② 安装护板。

用螺丝将护板固定于模型架两侧,护板随模型铺设高度逐渐增加,以方便模型铺设。用透明胶带将护板间的缝隙密封,在每一块护板表面均匀涂抹一层润滑油。

③ 配料。

根据上述模型相似材料配比表配好各层所需的骨料与胶结料,将材料混合均匀后加入预定的水量并进行充分搅拌,形成均匀的混合物。

④ 铺设。

将搅拌后的材料均匀加入模型架两护板中,并用刮板将混合料摊平,施加均匀压力将材料压实,大致水平后再用钢板和滚筒压实,之后在其上面均匀撒入云母片,以提高材料分层效果。

之后重复③~④的步骤,直至模型铺设完毕。待按照设计完成所有分层的铺设后,用塑料薄膜覆盖在模型表面,避免模型大面积与空气接触导致水分散失而影响实验效果。

⑤ 架设保温护板。

整个模型铺设完毕后将起封闭隔绝作用的彩钢夹芯板进行组装,并对钢板间的缝隙进行密封,使实验模型空间与室外自然环境隔离。

⑥ 模型养护。

调节室内温度控制器和湿度加湿器,使实验环境的温度和相对湿度至设定值;在恒温恒湿实验环境中养护 7 天,使相似材料达到其应有的强度,拆除模型两侧护板;再经过 1 天后布设监测系统。

2.2.3.5 相似材料模拟实验监测手段

本次相似材料模拟实验采用 4.0 m×0.28 m×2.0 m 的平面应力实验台,实验台由框架系统、加载系统和测试系统组成。其中,加载系统采用液压千斤顶加载;测试系统采用百分表监测地表的竖向沉降(即地表下沉),采用灯光透镜式位移计监测地表和各个岩层的水平移动和下沉。

2.2.4 覆岩离层新型相似材料模拟实验成果及分析

根据 T2192 综放工作面的实际开采进度,模拟工作面逐日逐班开挖,在每一步开挖结束后观测采场覆岩运动和地表移动情况。T2192 工作面实际开采速度为 3.5 m/d,根据设计的时间相似比,模型开挖速度为 3.5/17.3=0.2 (m/d),因此,模型设计每天开挖 2 次,分别为上午 8:00 与下午 4:00,每次开挖 0.1 m,由此来模拟实际工作面的开采速度。

2.2.4.1 新型相似材料模拟实验动态情景

通过新型相似材料模拟唐山矿 T2192 综放工作面开采实验,观测到在不注浆条件下,随工作面的推进采场覆岩离层的产生、发展到闭合的全过程。图 2-3 至图 2-8 为工作面推进到不同位置时采场上覆岩层离层实验动态情景。

图 2-3　推进距离 L＝100 m 时覆岩离层情景

图 2-4　推进距离 L＝160 m 时覆岩离层情景

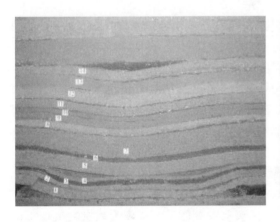

图 2-5　推进距离 L＝360 m 时覆岩离层情景

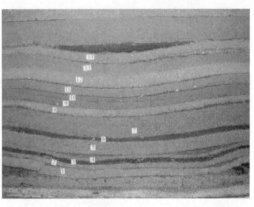

图 2-6　推进距离 L＝460 m 时覆岩离层情景

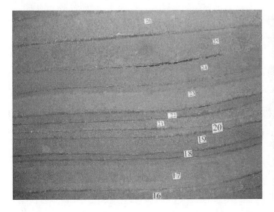

图 2-7　推进距离 L＝550 m 时覆岩离层情景

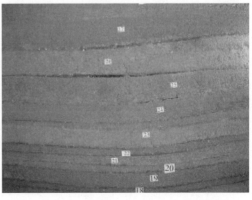

图 2-8　推进距离 L＝630 m 时覆岩离层情景

由图 2-3 至图 2-8 可以看出,在煤层开采为非充分采动时,上覆岩层的破坏状态基本以"断裂拱"的形式出现,随工作面的逐步推进,断裂拱不断向工作面前方和覆岩上部扩展,断裂拱发展示意图如图 2-9 所示。

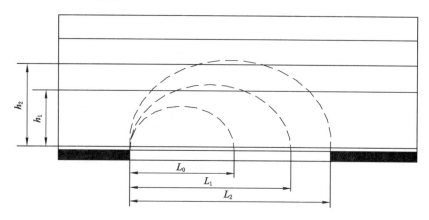

h_1,h_2—各岩层分界面至煤层距离;L_0,L_1,L_2—不同的推进距离。

图 2-9 "断裂拱"发展示意图

通过相似材料模拟实验得出岩层的初次垮落步距为 75 m,周期垮落步距为 30 m。每当出现一次周期性垮落时,覆岩破坏与移动范围都随之向开采工作面前方和向煤层上部顶板内扩大一定距离,即断裂拱的范围随开采向前和向上扩展。在断裂拱范围内,最上部的岩层刚好完成第一次断裂运动,下部各岩层结构则进入周期性运动阶段,岩层结构所处的位置越低,则该岩层发生周期性断裂的次数越多。断裂拱的扩展高度有一定的上限,当岩层断裂带充分发育后,断裂拱高度就不再向覆岩上部发展,但在水平方向上,随着工作面的推进,断裂拱的范围则不断向前扩展。

由相似材料模拟实验观察到,当工作面推进 100 m 时,在工作面上方 200 m 左右高度处的覆岩开始产生离层,而当工作面推进 160 m 时,该位置产生的离层裂缝则比较明显,且在该离层位置之上 60 m 处又开始产生新的离层,离层发育的最大高度为煤层之上 334 m。这表明,随着工作面的推进,断裂拱上部各岩层间会从下到上依次或同时产生离层,离层大小和持续时间与上位岩层的厚度及刚度有关,上位岩层的厚度和刚度越大,离层持续的时间越长,即离层空间的扩展有一定的时间效应。

在岩梁初次来压与第一次周期来压阶段,开始在岩层下方形成的离层最大值要比随后在上位岩层中产生的离层值大,在导水断裂带内最大值可达到煤层采出厚度的 0.58 倍,在离层带内当离层传递至极限平衡拱拱顶时,其值一般可达到煤层采出厚度的 0.31 倍。第二次周期来压之后,覆岩离层依然发育,离层层位清晰,但是离层裂缝的宽度较小,此时,当工作面继续推进 30 m 左右,即相当于一个周期来压步距的距离后,随着覆岩的断裂与下沉,离层带内的离层裂缝便很快闭合。

2.2.4.2 煤层开采覆岩变形破坏过程

当煤层开采面积达到一定范围后,上部悬空的顶板便会在上覆岩层压力和自重作用下发生显著变形、弯曲和下沉,当内部应力超过岩层强度时就会发生断裂和垮落。下部岩层发生变形破坏后,上部岩层将随之发生下沉、弯曲、离层以致破断,岩层破碎后在体积上会发生膨胀,从而减小上部岩层的下沉量。

　　覆岩变形破坏以这种方式逐层向上发展,变形范围的逐步扩展减小了上部岩层的弯曲曲率,当岩层的破坏发展到一定高度后,岩层内的拉应力小于自身抗拉强度,此时岩层就只发生下沉、弯曲和离层,不再发生垂直于岩层层面方向的断裂破坏,该部分岩层在层面方向仍保持岩层本身的连续性。

　　当岩层变形范围进一步扩大,变形集中程度降低和岩层层面曲率变小,不足以使岩层与它上部岩层发生离层时,岩层与它上部岩层层面间仍保持弹性接触,与上部各岩层一起以整体弯曲的形式下沉;而基岩上部的冲积层则随基岩一起下沉,这种下沉传播至地表便形成下沉盆地,使地表发生沉陷和水平移动。

2.2.4.3　采场覆岩变形破坏结构演变及分析

（1）采场覆岩变形破坏结构演变

　　根据覆岩的破坏状况与岩层的阻隔水性能,从水体下采煤的需要出发,可将采场覆岩划分为垮落带、断裂带和弯曲带,这就是经典的覆岩“三带”模型。同样,根据覆岩结构特征与岩层力学特性,考虑岩石力学数值模拟或解析分析的需要,可将采场覆岩划分为破裂带、离层带、弯曲带和松散层带,即“四带”模型。

　　唐山矿 T2192 综放工作面开采面积较大,煤层开采后顶板岩层在自重及其上覆岩层垂向压力作用下会发生弯曲变形与破坏,这种变形与破坏逐层向上发展,使整个覆岩结构发生演变,形成新的覆岩结构形态。新的覆岩结构形态模型如图 2-10 所示。

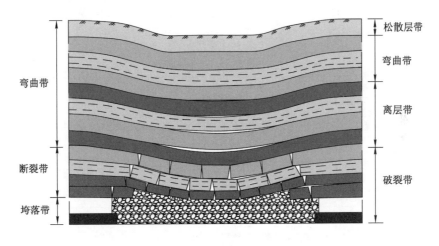

图 2-10　唐山矿 T2192 综放工作面开采后覆岩“四带”结构形态

　　“四带”模型中的破裂带范围为模型最下部的垮落矸石和上部的断裂岩层,这部分岩层已经丧失了结构连续性,只对上部岩层起支撑作用,垮落带与断裂带合称为破裂带。离层带是破裂带之上的产生弯曲变形、自身层向还具有结构连续性的岩层,该带内各岩层层面间为滑动接触,呈分层叠合结构,垂向各层间结构非连续。弯曲带为离层带之上各岩层层面保持原有弹性接触和力学结构性质的岩层,该带内岩层以整体形式弯曲下沉。松散层带是模型最上部的独具结构特征与力学性质的松散冲积层。

（2）覆岩变形破坏结构演变分析

通过分析唐山矿 T2192 综放工作面地质勘探钻孔山岳补-4 钻孔的资料,该矿覆岩地层结构由软、中硬与硬岩性岩层相间组成,没有抗弯刚度很大的关键层。由新型相似材料模拟实验观测到工作面开采后覆岩运动呈分层依次下沉特征,如图 2-11 所示。

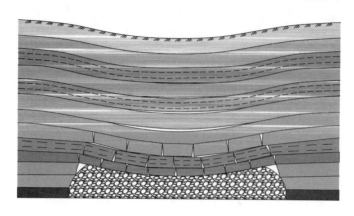

图 2-11　唐山矿 T2192 综放工作面开采后覆岩分层依次下沉情况

在煤层开采后,上覆岩层依次垮落、下沉、离层、弯曲,覆岩离层带内各岩层间法向离层明显,离层自产生至闭合周期较长,当地表沉陷稳定后,导水断裂带之上的离层带中仍残存一定的离层空间,地表下沉系数一般为 0.7～0.9。

煤层开采后采场上覆岩层的变形破坏程度,可用破坏度 D 表示,D 可分为 Ⅰ—Ⅵ 六级,分级图例及描述见表 2-3。

表 2-3　覆岩破坏度分级图例与描述

分级	破坏度	图例	破坏情况描述
Ⅰ	0～0.1		岩层整体移动,层内有微裂缝,但数量较少
Ⅱ	0.1～0.3		岩层内有数量较少的微裂纹,岩层之间有层间分离
Ⅲ	0.3～0.5		岩层内有微小裂缝,基本上不断开,裂缝间连通性不好,岩层在全厚度内未断开或很少断开
Ⅳ	0.5～0.7		岩层层次完整,个别部位全厚度断开,裂缝间连通程度较好
Ⅴ	0.7～0.9		岩层全厚度断开,层次基本完整,裂缝间连通性好
Ⅵ	0.9～1.0		岩层完全断裂成岩块,岩块的块度大小不一,无一定规则,无层次性

采场覆岩一定高度 H 范围内的岩层随工作面推进破坏度 D 的发展过程可用图 2-12 反映。图中 L_1、L_2 和 L_3 为工作面推进距离，D 为岩层破坏度，H_1、H_2、H_3 分别为垮落带、断裂带和离层带内岩层层位高度。

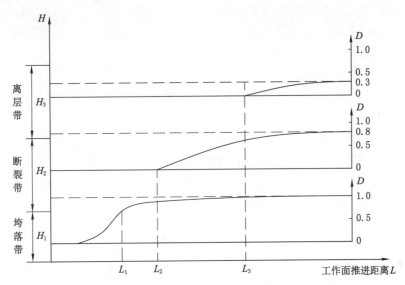

图 2-12 采场覆岩不同层位岩层破坏度发展示意图

在垮落带内，曲线表示工作面推进距离达 L_1 时，顶板岩层达到了初始断裂步距，此时垮落带内岩层随工作面推进破坏度 D 在很短时间内发展到 1.0。在断裂带内，曲线表示工作面推进距离达 L_2 时，覆岩破坏高度发展到 H_2 处的岩层，随着工作面的继续推进，其破坏度 D 逐渐增加，最后达到不大于 0.8 的某一个数值。在离层带内，曲线表示工作面推进距离达 L_3 时，覆岩破坏发展到 H_3 处的岩层，由于该岩层距离开采煤层较远，弯曲、断裂破坏发生较晚，破坏度 D 值较小，最后一般不会大于 0.3。

为了形象地反映覆岩破坏特征及破坏度分级之间的对应关系，图 2-13 描绘了某一时刻采场覆岩破坏主要特征与破坏度 D 之间的关系。

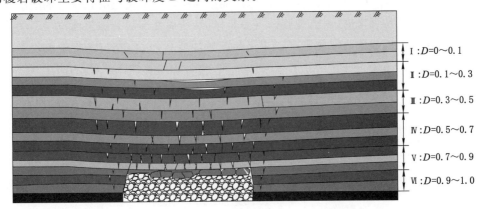

图 2-13 采场覆岩破坏特征与破坏度分级对照图

由表 2-3 和图 2-13 可以看出：

当 $D=0$ 时，表示岩层完好无损；

当 $D<0.5$ 时，表示岩层未完全断裂；

当 $D>0.5$ 时，表示岩层已完全断裂；

当 $D=1.0$ 时，表示岩层充分破碎。

2.2.4.4 采场覆岩离层发育过程及规律

（1）采场覆岩离层发育过程

通过唐山矿 T2192 综放工作面新型相似材料模拟实验，观测到在不注浆条件下，随工作面推进覆岩离层产生、发展到闭合的全过程。

当工作面顶板初次垮落后，随着工作面推进，顶板垮落带上部岩层相继发生弯曲、下沉和断裂，这些岩层虽然仍保持原有的层状结构形态，但在岩层层面方向上已经丧失了结构力学性质的连续性。随着工作面继续推进，覆岩变形继续向上发展，变形范围也逐步扩展，从而在相邻岩层之间因厚度和力学性质的不同而产生离层，并随着岩层变形向上发展而向上扩展。

覆岩中下部垮落碎胀的岩石堆积，可减小上部岩层的下沉量和弯曲曲率，当岩层的断裂破坏发展到一定高度时，上部岩层只发生弯曲下沉和离层，虽然仍呈现层面方向的连续状态，但由于下沉过程中岩层层面已发生了错动与离层，所以层面之间已是非连续的。

当工作面在走向方向推进达到充分采动时，下部岩层间的离层裂缝最终会闭合，但覆岩上部岩层中仍会有残存的离层空间。离层带上部的岩层以整体弯曲形式下沉，基岩之上的松散冲积层则随下部基岩一同下沉。

（2）采场覆岩离层发育规律

分析唐山矿 T2192 综放工作面推进到不同位置时模拟采场覆岩变形破坏的图像，清楚显示覆岩离层产生是由于煤层开采后，岩层在自身重力及上覆岩层压力的作用下，从下向上产生垮落、断裂、弯曲变形和整体下沉的运动。覆岩离层的产生源于煤系沉积地层的层状结构，在弯曲变形段的各相邻岩层间存在岩性、厚度以及自身力学性质的差异，一旦下位岩层的重力大于岩层之间的黏结力与岩层自身的抗拉、抗剪强度，就会在相邻岩层层面和岩层内部产生破裂，使覆岩垂向间变成非连续结构，从而形成离层。当离层裂隙端部的集中拉应力超过层面的单向抗拉强度时，就会使裂隙进一步扩展，从而使离层裂隙层面范围不断扩大。

含煤地层上下相邻的岩层由于沉积年代和沉积环境不同，其力学性质差别较大。上下岩层之间接触面弱黏结特性将产生两种离层方式：一是法向拉伸离层；二是层向剪切离层。当下位岩层的抗弯刚度小于上位岩层时就会产生拉伸离层，如图 2-14 所示；当两相邻岩层一起弯曲变形时就会产生剪切离层，如图 2-15 所示。

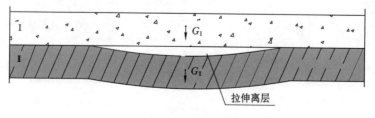

图 2-14　覆岩法向拉伸离层

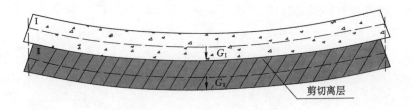

图 2-15　覆岩层向剪切离层

法向拉伸离层符合拉伸强度准则：

$$\sigma \geqslant C \tag{2.5}$$

式中　σ——下位岩层作用于层面的拉应力，Pa，取 $\sigma = \gamma h$；

　　　　γ——岩石的重度，N/m³；

　　　　h——岩层的厚度，m；

　　　　C——层面的法向黏结力，Pa。

层向剪切离层符合库仑剪切强度准则：

$$\tau = C + \sigma \tan \varphi \tag{2.6}$$

式中　τ——岩层层面上的剪应力，Pa；

　　　　σ——岩层层面上的正应力，Pa；

　　　　φ——岩层层面的内摩擦角，(°)。

两层等厚同质复合岩梁在自重应力作用下横截面上的最大剪应力和最大拉应力分别为：

$$\tau_{\max} = \frac{3}{4} \gamma L \tag{2.7}$$

$$\sigma_{\max} = \frac{3}{4} \frac{\gamma L^2}{h} \tag{2.8}$$

式中　$\tau_{\max}$——岩梁横截面上的最大剪应力，Pa；

　　　　$\sigma_{\max}$——岩梁横截面上的最大拉应力，Pa；

　　　　γ——岩梁的重度，N/m³；

　　　　L——岩梁的跨度，m；

　　　　h——岩梁的高度，m。

由恒温恒湿新型相似材料模拟实验观测结果可知，基于煤层采动程度的不同，结合覆岩中离层与地表的采动程度，可将覆岩离层与地表采动状态划分为离层非充分采动状态、离层充分采动而地表非充分采动状态及地表充分采动状态 3 种。

离层非充分采动状态下，覆岩内离层较少，采出空间多残存于垮落带和断裂带中，如图 2-16(a)所示。离层充分采动而地表非充分采动状态下，覆岩内离层能够充分发育，离层层位多，离层缝宽度大，离层带内存在大量离层空间，如图 2-16(b)所示。地表充分采动状态下，虽然在采动过程中覆岩内部不同位置曾经形成过离层带，但在覆岩运动稳定后离层多数都会闭合，仅残留少量离层空间，如图 2-16(c)所示。

由恒温恒湿新型相似材料模拟实验观测结果得到，唐山矿 T2192 综放工作面开采后覆岩离层发育最大高度为 334 m，覆岩离层缝累计宽度达到煤层采出厚度的 0.58 倍，如果覆岩离层注浆能有效充填离层空间,就可达到阻止上部岩层弯曲下沉、减少地面沉降的目的。

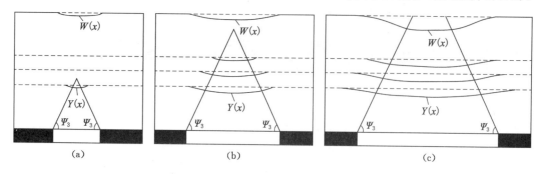

图 2-16 覆岩离层与地表采动相结合的 3 种采动状态

2.3 相似材料硬化过程曲线实验测试与曲线函数

在相似材料模拟实验中,相似材料力学参数的准确性对实验结果的影响不可忽视。为了掌握在一定物理条件下相似材料的硬化特性,进行了相似材料硬化特性测试实验。本实验在恒温恒湿实验室中铺设大模型的同时,铺设了不同材料配比的小模型,小模型铺设完毕并养护一定时间后,在小模型中截取不同材料配比的试件,来测试相似材料的弹性模量和抗弯强度的硬化规律,以及相似材料的含水率与养护时间的关系。

2.3.1 相似材料硬化过程曲线实验测试

所谓相似材料的硬化指的是相似材料在养护过程中由于含水率的降低,引起材料弹性模量和强度等参数逐渐增加的现象。相似材料硬化的直接原因是材料长期置于自然环境中,材料的含水率随时间而发生改变,引起材料的力学参数相应发生改变。因此,从根本上说,相似材料的硬化不是材料间发生化学反应而引起的,本质上应是物理硬化。

为了测得相似材料的弹性模量和抗弯强度的硬化曲线,根据 T2192 综放工作面内地质勘探钻孔山岳补-4 钻孔的资料,选取 5 种典型岩层作为模拟对象,在恒温恒湿相似材料模拟实验室的小型实验台上铺设了 5 种不同配比的相似材料,材料配比如表 2-4 所示,模型铺设过程同前。实验台尺寸(长×宽×高)为 1.2 m×0.2 m×1.0 m,每种材料的铺设厚度为 2.5 cm。

表 2-4 相似材料硬化实验材料配比

配比	密度/(t/m³)	沙子质量/kg	碳酸钙质量/kg	石膏质量/kg	水质量/kg
2∶3∶7	1.5	6.05	0.91	2.12	1.51
3∶3∶7	1.5	6.81	0.68	1.59	1.51
4∶3∶7	1.5	7.26	0.54	1.27	1.01
5∶3∶7	1.5	7.57	0.45	1.06	1.01
6∶3∶7	1.5	7.78	0.39	0.91	1.01

注:配比为 2∶3∶7 和 3∶3∶7 两种材料的用水量为总量的 1/6,其余为总量的 1/9。

　　模型铺设完毕后，调节实验室内的气候条件，使室内相对湿度 $\varphi=60\%$，温度 $t=16\ ℃$，模型养护时间 7 天。实验试件的截取顺序为从模型中自上而下依次进行，每种配比的材料截取 3 个实验试件，试件形状为长方体，尺寸(长×宽×高)为 0.2 m×0.06 m×0.02 m，试件截割成型后用保鲜薄膜包好，以防止试件含水率发生变化而引起力学参数的改变。

　　测试在自主设计的三点弯曲实验台上进行，三点弯曲实验台如图 2-17 所示，实验时试件承受的荷载通过不同质量的砝码组合实现，试件挠曲变形量测采用千分表，试件破坏形态如图 2-18 所示。

图 2-17　三点弯曲实验台

图 2-18　试件破坏形态

　　实验过程中需要测试不同时间试件承受的荷载和相应挠度以及含水率，根据实验获得的试件极限荷载和相应的极限挠度，可分别由式(2.9)和式(2.10)计算得到试件的抗弯强度和弹性模量。

$$\sigma_{\text{f}} = \frac{3pl}{2bh^{2}} \tag{2.9}$$

$$E = \frac{pl^{3}}{48yI} \tag{2.10}$$

式中　　σ_{f}——试件抗弯强度，Pa；

　　　　E——试件弹性模量，Pa；

　　　　p——试件极限荷载，N；

　　　　b——试件宽度，m；

　　　　h——试件厚度，m；

　　　　l——试件跨距，m；

　　　　y——试件极限挠度，m；

　　　　I——惯性矩，m^{4}。

　　实验结果如图 2-19 至图 2-24 所示，其中图 2-19 至图 2-21 是配比为 4∶3∶7 的相似材料硬化过程中三点弯曲强度、弹性模量硬化曲线和含水率变化曲线，图 2-22 至图 2-24 是配比为 5∶3∶7 的相似材料硬化过程中三点弯曲强度、弹性模量硬化曲线和含水率变化曲线。从两种配比材料的实验曲线可以看出，两种配比材料的抗弯强度、弹性模量和含水率均为时间的函数。其中，两种材料的含水率均随着时间的增长而逐渐降低，材料的抗弯强度和弹性模量二者随时间的变化规律具有一致性。在测试初期，抗弯强度和弹性模量变化较为平缓,经历 25 d 后,抗弯强度和弹性模量增幅较大,直至 40 d 后,抗弯强度和弹性模量逐渐趋于稳定。这说明相似材料的弹性模量和抗弯强度与材料含水率之间具有很大的依赖关系,一般是随着材料含水率的降低,弹性模量和抗弯强度增大,材料含水率稳定后弹性模量和抗弯强度也随之稳定。

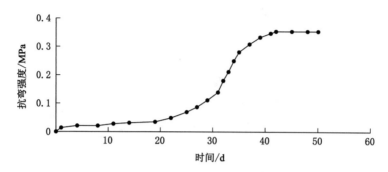

图 2-19　配比为 4：3：7 材料抗弯强度硬化曲线

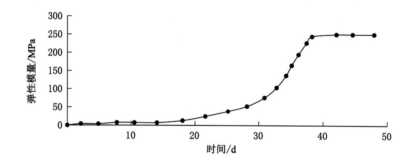

图 2-20　配比为 4：3：7 材料弹性模量硬化曲线

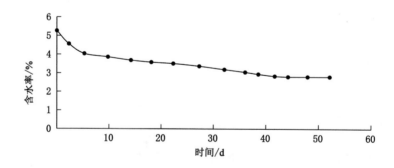

图 2-21　配比为 4：3：7 材料含水率变化曲线

2.3.2　相似材料硬化过程曲线函数

从上述相似材料硬化过程曲线中可以看出,硬化过程大致可以分为 3 个阶段:第一阶段为开始测试的前 25 d 时间内,该阶段相似材料的抗弯强度和弹性模量基本不变;第二阶段为 25～40 d 时间内,该阶段材料的抗弯强度和弹性模量增长速度较快;第三阶段为 40 d 之

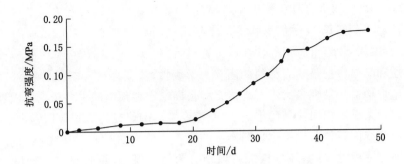

图 2-22 配比为 5∶3∶7 材料抗弯强度硬化曲线

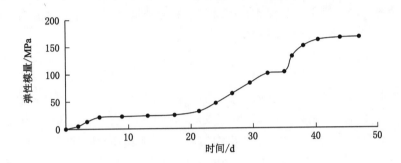

图 2-23 配比为 5∶3∶7 材料弹性模量硬化曲线

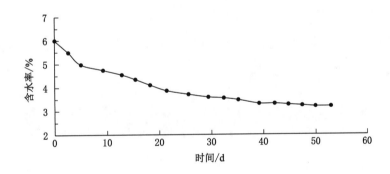

图 2-24 配比为 5∶3∶7 材料含水率变化曲线

后,该阶段材料的抗弯强度和弹性模量又基本趋于稳定。

对配比为 4∶3∶7 的相似材料抗弯强度和弹性模量硬化曲线进行拟合,可得到如下曲线方程:

抗弯强度硬化方程为:

$$\sigma_f = -0.000\,6t^4 + 0.055\,6t^3 - 1.609\,8t^2 + 6.081\,2t + 1.102\,7 \tag{2.11}$$

相关系数 $R = 0.994$。

弹性模量硬化方程为:

$$E = -0.000\,4t^4 + 0.039t^3 - 1.154\,3t^2 + 13.601t - 1.054\,6 \tag{2.12}$$

相关系数 $R = 0.987$。

2.4 相似材料流变力学特性实验研究

流变性质和时效特征是岩石材料的固有力学属性,流变性质和时效特征可以用来作为解释和分析地质构造运动现象和进行岩体工程长期稳定性预测的重要依据。随着岩体工程规模的扩大以及采矿工程向深部的推进,岩石流变性质的研究与工程应用越来越得到重视,有关岩石材料流变的资料和成果也日渐丰富和完善。前人通过多年研究,在实验基础上提出了多种岩石流变模型,这些流变模型可以划分为经验模型、组合模型、内时模型三大类。在相似材料模拟实验过程中发现,相似材料同样也具有流变性质,对于相似材料来说,由于在制作过程中受多种因素的影响,模型材料内部存在微孔洞及层理面,即具有非均质性。研究相似材料的流变特性对进一步提高相似材料模拟实验结果的可靠性、准确性,使模拟研究由定性转为定量,都具有十分重要的意义。

2.4.1 试件加工

试件取自前述相似材料硬化过程实验中的 5 种配比材料,每种配比材料加工 2 个试件,试件形状为长方体,尺寸(长×宽×高)为 0.2 m×0.06 m×0.02 m,从模型中截取试件后,应先剔除表观有裂纹、空洞的试件,筛选出均匀性、一致性较好的试件,再用细砂纸轻轻打磨试件表面,使试件两端面和中性轴垂直、侧面和中性轴平行,最后用保鲜薄膜把试件包好,以防止试件含水率发生变化。

2.4.2 实验加载方式

实验在自制的弯曲蠕变仪上进行,实验时首先调整好仪器的水平度及跨度,然后将试件放置其上,施加荷载形式为三点弯曲,如图 2-25 所示。

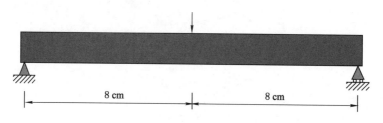

8 cm   8 cm

图 2-25　试件流变实验示意图

岩石流变实验的加载方式主要有 3 种,即单级加载法、分级加载法、分级增量循环加卸载法,如图 2-26 所示。单级加载法,即在恒定应力作用下,对同一组岩石试样进行不同应力水平的流变实验,观测岩石试样流变变形与时间的关系;分级加载法,即在施加某一应力后观测岩石的流变变形,一般在观测一定时期或者岩石流变基本上趋于稳定后,再施加下一级应力并观测其流变变形,以此类推,直至岩石试样破坏;分级增量循环加卸载法,即在分级加载法的基础上,当岩石试件在每一级应力作用下变形基本稳定后,进行卸载并观测其滞后弹性恢复,待无滞后弹性恢复时,再施加下一级应力。

单级加载法可以直接得到单一应力下的流变全过程曲线,若想得到不同应力水平下的

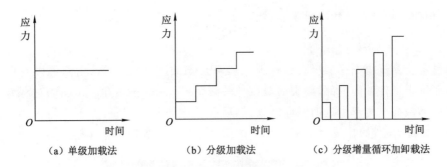

图 2-26　流变实验加载方式示意图

流变全过程曲线,则需要用若干组完全相同的试件在相同仪器、相同实验条件、不同应力水平下分别进行实验。这种完全相同的实验条件不易保证,且实验耗时很长,得到的成果较少。通常而言,分级加载法可以避免试件的离散性对岩石流变的影响,且可在同一试件上观测到不同应力水平的变形规律,大大节省了所需试件和实验仪器。但这种方法上一级加载的应力会对试件造成不同程度的损伤,且随着应力水平的逐级增大,这种损伤会有增大的趋势。采用单级加载方式可以避免前期加载历史的影响,但难以避免岩石材料的非均质性对流变实验结果的影响。分级增量循环加卸载方法吸取了分级加载方式的优点,并且在实验过程中可观测到岩石的滞后弹性恢复,测得其残余变形,能全面地反映岩石流变曲线的加卸载过程。但这种方法同样也不能避免前期加载历史的影响,并且其实验时间比分级加载方法增加很多,因此目前应用不多。

目前对岩石流变力学特性进行实验研究,采用较多的加载方式是分级加载方法,通过实验可以得到不同应力水平下的岩石流变曲线。因此本次相似材料流变力学特性实验的加载方式也采用分级加载方式。该方式将拟施加的荷载分为若干等级,然后对于同一试件由小到大逐级施加荷载,每级荷载持续加载时间约 $60\sim100$ min,之后施加下一级荷载。实验时荷载的增加通过不同质量的砝码组合方式实现,为防止砝码质量增加对材料试件的振动冲击,放置砝码时应先将砝码盒托住,等加载到预定荷载时再慢慢将其松开。每级荷载加载完成后,立即读取试件的变形,作为该级荷载的瞬时变形,然后间隔 5 min 读取一次试件变形,试件临近破坏时间隔 2 min 记录一次变形。

试件变形量测采用千分表,把千分表的底座固定在实验台上,要稳定可靠,装夹千分表时,夹紧力不能过大,以免套筒变形卡住测杆。调整千分表的测杆轴线垂直于试件被测平面,测杆置于试件的中部,千分表测杆与试件表面需间隔一层纸片,防止实验过程中测杆对试件的损害。千分表与试件之间的初始接触以加载完成后千分表指针产生 2 格的变形为依据,5 min 时间内千分表指针移动 2 格作为试件进入蠕变阶段的标志,15 min 时间内千分表指针移动 0.5 格认定试件进入衰减阶段。

另外,由于流变实验的周期相对较长,环境温度和湿度对实验结果的影响不容忽视。为了保证实验结果的可靠性,应采用温度控制器和加湿器对实验室内的温度和湿度进行调节,使室内相对湿度 $\varphi=60\%$,温度 $t=16$ ℃,保证每组试件的实验在相同的温度和湿度环境下完成。

2.4.3 相似材料流变力学特性实验结果

2.4.3.1 试件破坏形态

通过实验测试得到相似材料试件典型破坏形态如图 2-27 所示,由图可以看出,试件最终破坏面位于试件轴向中部,破裂面与试件轴线呈 75°～90°的夹角。从实验过程看,试件先在轴向中部截面下侧产生近似竖向裂纹,然后裂纹逐渐向上扩展,直至断裂,显然这属于拉伸破坏。因此,试件跨中受点荷载作用下的流变破坏为拉伸破坏。

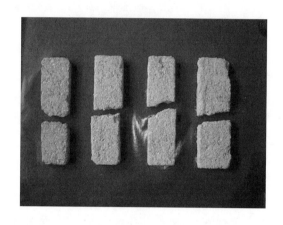

图 2-27　相似材料试件典型破坏形态

2.4.3.2 实验结果

图 2-28 至图 2-31 分别为四种不同配比材料试件在分级加载条件下的蠕变曲线,从蠕变曲线中可以看出,每一试件在各级荷载下都产生瞬时变形,瞬时变形稳定后产生蠕变变形。每个试件都存在一个蠕变应力阈值,当施加的应力值小于该应力阈值时,蠕变很快衰减并逐渐趋于零,即只有第一蠕变阶段;当施加的应力值大于该应力阈值时,蠕变趋于稳定,即产生第二阶段蠕变。蠕变应力阈值约为瞬时抗弯强度的 40%～60%,施加最后一级荷载后虽然出现加速蠕变阶段,但是体现不是很明显,蠕变曲线稍微上翘后试件即发生破坏。

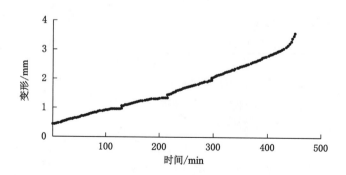

图 2-28　配比为 2：3：7 试件蠕变曲线

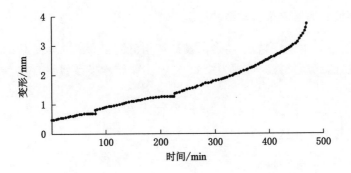

图 2-29　配比为 4∶3∶7 试件蠕变曲线

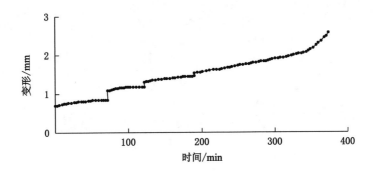

图 2-30　配比为 5∶3∶7 试件蠕变曲线

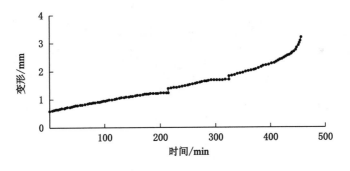

图 2-31　配比为 6∶3∶7 试件蠕变曲线

2.5　相似材料模拟实验误差补偿理论

在采矿工程专业领域中,相似材料模拟实验模拟的对象一般是层状岩层,煤层开采过程中上覆岩层会产生弯曲变形和断裂破坏,因此,在实验时必须最大限度地保证相似材料的抗弯刚度和断裂强度与实际岩层的相似性。但是从严格意义上讲,要实现抗弯刚度和断裂强度相似是比较困难的,与设计要求的理论模型参数相比,铺设成型的相似材料模型参数总会出现一定的偏差,从而致使相似材料模拟实验结果会产生相应的误差,如果能建立误差补偿理论,无疑可以减少实验结果的误差。

2.5.1 相似材料模拟实验岩梁力学结构模型

在工作面推进过程中,上覆岩层的运动及破坏均可简化为板或梁的形式,在相似材料模拟实验中模拟岩层的运动及破断可视为梁的形式,力学结构模型如图 2-32 所示。

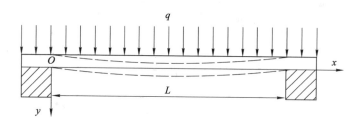

图 2-32 岩梁力学结构模型

岩梁的挠曲线微分方程为:

$$EI_z \frac{\mathrm{d}^4 y}{\mathrm{d}x^4} = q \tag{2.13}$$

对于固支梁,其边界条件为:

$$\begin{cases} \dfrac{\mathrm{d}y}{\mathrm{d}x} = 0 & (x = 0, L) \\ y = 0 & (x = 0, L) \end{cases} \tag{2.14}$$

由式(2.13)、式(2.14)解得:

$$y = \frac{qx^2}{24EI_z}(L^2 - 2Lx + x^2) \tag{2.15}$$

式(2.15)即承受均布荷载固支梁的挠曲线方程。梁的最大挠度产生在梁跨度的中点,即 $x = L/2$ 处,由此得到岩梁最大挠度 $y_{\max}$:

$$y_{\max} = \frac{qL^4}{384EI_z} \tag{2.16}$$

对于简支梁,其边界条件为:

$$\begin{cases} \dfrac{\mathrm{d}^2 y}{\mathrm{d}x^2} = 0 & (x = 0, L) \\ y = 0 & (x = 0, L) \end{cases} \tag{2.17}$$

由式(2.13)、式(2.17)解得:

$$y = \frac{qx}{24EI_z}(L^3 - 2Lx^2 + x^3) \tag{2.18}$$

式(2.18)为承受均布荷载简支梁的挠曲线方程。同样梁的最大挠度产生在梁跨度的中点,即 $x = L/2$ 处,由此得到岩梁最大挠度 $y_{\max}$:

$$y_{\max} = \frac{5qL^4}{384EI_z} \tag{2.19}$$

由式(2.16)和式(2.19)可知,简支梁和固支梁情况下,岩梁的最大挠度相差 5 倍。

2.5.2 相似材料模拟实验误差补偿理论

就开采沉陷问题来说,相似材料模拟实验的目的是观测岩层的移动变形量,这就需要建

立下沉量 $W(x)$ 的误差补偿理论。在覆岩地层中，对地表下沉影响最大的是岩层中的关键层，为了研究覆岩运动规律，针对地层结构力学性质的差异及其对覆岩运动所起的作用不同，钱鸣高院士等提出了岩层控制中的关键层理论，该理论指出：在采场上覆岩层中存在着多层坚硬岩层时，对岩层活动全部或局部起决定作用的岩层称为关键层，前者可称为主关键层，后者可称为亚关键层。采场上覆岩层中的关键层具有如下特征：① 几何特征，相对其他岩层厚度较厚；② 岩性特征，相对其他岩层较为坚硬，即弹性模量大、强度较高；③ 变形特征，在关键层下沉变形时，其上覆全部或局部岩层的下沉量与它是同步协调的；④ 破断特征，关键层的破断将导致全部或局部岩层的破断，引起较大范围的岩层移动；⑤ 支承特征，关键层破断前以板（或简化为梁）的结构形式，作为全部岩层或局部岩层的承载主体。

在关键层控制地表下沉量的条件下，相似材料模型中关键层的抗弯刚度误差为 δW_z，由式(2.16)、式(2.19)可得关键层的挠度误差 Δy。

在固支梁情况下：

$$\Delta y = \frac{qL^4}{384 E_D I_D} - \frac{qL^4}{384 E_F I_F} \tag{2.20}$$

在简支梁情况下：

$$\Delta y = 5\left(\frac{qL^4}{384 E_D I_D} - \frac{qL^4}{384 E_F I_F}\right) \tag{2.21}$$

式中　E_D——模型铺设层设计弹性模量，Pa；

　　　I_D——模型铺设层设计主惯性矩，m^4；

　　　E_F——模型铺设层实测弹性模量，Pa；

　　　I_F——模型铺设层实测主惯性矩，m^4。

对于矩形梁，有：

$$I = \frac{bh^3}{12} \tag{2.22}$$

若用 W_z 表示岩梁的抗弯刚度，则：

$$W_z = E I_z \tag{2.23}$$

在固支梁情况下：

$$\Delta y = \frac{qL^4}{384}\left(\frac{1}{W_{ZD}} - \frac{1}{W_{ZF}}\right) \tag{2.24}$$

在简支梁情况下：

$$\Delta y = \frac{5qL^4}{384}\left(\frac{1}{W_{ZD}} - \frac{1}{W_{ZF}}\right) \tag{2.25}$$

式中　W_{ZD}——相似材料设计抗弯刚度，Pa·m^4；

　　　W_{ZF}——相似材料实测抗弯刚度，Pa·m^4。

① 由弹性模量引起的误差，可由下式计算：

$$W_{ZF} = E_F I \tag{2.26}$$

$$W_{ZD} = E_D I \tag{2.27}$$

将式(2.26)、式(2.27)分别代入式(2.24)、式(2.25)得到：

在固支梁情况下：

$$\Delta y = \frac{qL^4}{384}\left(\frac{E_F I - E_D I}{E_F I \times E_D I}\right) = \frac{qL^4}{384 I}\frac{E_F - E_D}{E_F \times E_D} \tag{2.28}$$

在简支梁情况下：

$$\Delta y = \frac{5qL^4}{384}\left(\frac{E_{\rm F}I - E_{\rm D}I}{E_{\rm F}I \times E_{\rm D}I}\right) = \frac{5qL^4}{384I}\frac{E_{\rm F} - E_{\rm D}}{E_{\rm F} \times E_{\rm D}} \tag{2.29}$$

② 假设材料的弹性模量符合设计要求，则因模型铺设层厚度引起的误差可按以下公式计算。

由 $I = \dfrac{bh^3}{12}$ 可以得到：

$$I_{\rm D} = \frac{bh_{\rm D}^3}{12} \tag{2.30}$$

$$I_{\rm F} = \frac{bh_{\rm F}^3}{12} \tag{2.31}$$

将式(2.30)、式(2.31)代入式(2.24)、式(2.25)得到：

在固支梁情况下：

$$\Delta y = \frac{qL^4}{32Eb}\frac{h_{\rm F}^3 - h_{\rm D}^3}{h_{\rm F}^3 h_{\rm D}^3} \tag{2.32}$$

在简支梁情况下：

$$\Delta y = \frac{5qL^4}{32Eb}\frac{h_{\rm F}^3 - h_{\rm D}^3}{h_{\rm F}^3 h_{\rm D}^3} \tag{2.33}$$

由上式可以看出，地表下沉(即关键层挠度)最大值产生误差的主要原因是相似材料铺设层的抗弯刚度 W_z，而由 $W_z = EI_z$ 可知，抗弯刚度产生误差的主要因素是铺设层的弹性模量和主惯性矩。

在进行相似材料模拟实验时，平面模型中的岩梁跨度 L 可以直接量测，而三维立体模型中，为了计算方便，可根据"传递岩梁"理论中的极限跨距来确定。如图 2-33 所示。

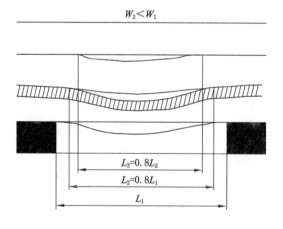

图 2-33 传递岩梁跨距确定示意图

其中：

$$L_1 = \sqrt{\frac{2m^2[\sigma_{\rm t}]}{(m + \sum m_i)\gamma}} \tag{2.34}$$

式中 m——支托层厚度，m；

σ_t——材料的抗拉强度，Pa；

m_i——随支托层同时运动的弱岩层的厚度，m；

γ——支托层重度，N/m³。

当计算第 n 个传递岩梁的跨度时，则取 $L_n = 0.8^{n-1}L_1$，将 L_n 代入 Δy 计算式即可。

在进行相似材料模拟实验时可由上述公式求出岩梁的跨度，再代入误差补偿公式进行误差计算。

通过以上讨论可以得出，在相似材料模拟实验中，铺设层参数的变化（弹性模量 E 和厚度 h）会引起抗弯刚度的变化，从而使模拟实验的抗弯刚度与设计抗弯刚度之间存在一定误差，引起相似材料模拟实验中实际的抗弯刚度相似比相较设计的抗弯刚度相似比发生了变化。运用误差补偿理论和关键层理论，对覆岩移动和地表沉陷的相似材料模拟实验结果进行误差分析和误差补偿，可以减小模拟实验结果的误差，有利于相似材料模拟实验结果定量化。

3 采场覆岩离层动态发育规律数值仿真研究

前章通过恒温恒湿新型相似材料模拟京山铁路煤柱覆岩离层实验,形象地反映了覆岩离层发展动态过程。为了进一步研究采动覆岩离层形成和发展的规律,本章通过建立覆岩动态结构力学模型进行计算机数值仿真研究。

3.1 数值仿真计算基本问题讨论

数值仿真计算方法近年来得到了很大发展,目前已经成为求解岩土工程问题的主要方法,目前常用数值方法主要有有限单元法、边界单元法、离散单元法、有限差分法以及最近发展起来的数值流形方法等。由于煤矿覆岩大部分是沉积岩层,沉积岩的特点是在层面方向上岩层岩性相同、介质单一、变化不大,而在层面法线方向上,由于沉积环境及沉积年代不同,岩层岩性发生较大变化,从而形成由多种不同岩性岩层组成的层状介质体,在岩层与岩层之间存在着软弱结构面,而由沉积作用形成的软弱结构面与沉积过程密切相关,常常具有岩相变化显著,呈尖灭或互层,在岩性上也呈互相递变和混杂等特点。由于岩层间接触条件不同、覆岩中大的构造存在与否以及构造作用所形成的软弱结构面的不同特点,矿山覆岩成为一个分布范围广泛、结构复杂多样的地质体。对于这样一个复杂的地质体,人们根据研究问题侧重点的不同,常将其简化为不同的结构模型,以利于在满足工程要求的前提下,达到易于计算的目的。如将覆岩视为完整层状岩体,可利用连续介质力学的方法进行模拟计算;若考虑岩体结构面影响,可采用破碎层状岩体模型以及块体模型等,这也是多种数值计算方法产生的原因。

对于开采沉陷的数值仿真计算问题,由于受开采影响的覆岩中既有地层浅部的松散冲积层,又有煤层开采后形成垮落带的破碎岩块,还有中间结构基本完整的层状岩体。同时,由于岩体中存在着大量裂隙和层间弱面,岩体性质在煤层开采前后发生很大变化,许多完整的岩体变成了破碎岩块,软弱结构面会出现张开、闭合或发生相对错动,同一岩层内也会因为弯曲拉伸变形而出现竖向裂隙,从而使岩体强度不断弱化。因此,研究覆岩与地表的移动变形破坏规律涉及的影响范围大,岩体介质结构复杂多变,同时具有动态特性,这给力学模型的建立和计算带来了较大的困难。

覆岩离层动态发育规律数值仿真计算的关键问题表现在以下几个方面:① 岩体结构模型的选取,应选用合理的结构力学模型,准确描述岩体与松散层的非线性力学行为;② 岩体力学参数的确定;③ 垮落带处理与岩层层面模拟方法;④ 井下开采过程的动态仿真。本节将针对以上几个问题分别讨论。

3.1.1　岩体材料本构模型的选取

3.1.1.1　岩体材料的基本力学特性

岩体工程数值计算理论属于力学问题,首先应清楚采用什么力学方法和力学模型进行分析,而力学方法和力学模型的选取,必须以岩体客观存在的力学属性和结构特征作依据。为此,要明确岩体材料的基本力学特征,与金属材料要比,岩体材料具有自己独特的力学特征,主要表现在:① 岩体材料是自然地质体,而不是人工的产物,它是一多相体,且是矿物的组合体,结构比较复杂。② 在一定的正应力范围内,岩石抗剪强度和刚度随着正应力的增大而增大,这种特征称为岩石的压硬性。岩石的抗剪强度不仅由黏结力产生,而且也与内摩擦角有关,这是因为岩石由颗粒材料堆积或胶结而成,属于摩擦型材料,因而,它的抗剪强度与内摩擦角及压应力有关。③ 岩石为多相材料,其颗粒中含有孔隙,因而在各向等压作用下,岩石能产生塑性体变,这种特性称为岩石的等压屈服特性。④ 岩石的体应变与剪应力有关,即在剪应力作用下,岩石材料可产生塑性体应变,称为岩石的剪胀性。⑤ 岩体破坏主要是拉断破坏和剪切破坏,岩体在压应力作用下的破坏强度远大于在拉应力作用下的破坏强度。⑥ 岩体是岩石和结构面共同组成的结构体,岩体的力学参数量值与岩石(岩块)有很大的差别。

通常把岩体分为均质连续体、散体和弱面体,而相应地可运用均质连续介质力学、松散介质力学和弱面体力学进行处理,所有这些不同类型的岩体,由于工程条件,即受力情况的不同,具有不同的变形特征和力学效应。这些力学效应可分为弹性、塑性和流变性,相应地用弹性力学、塑性力学和流变学理论来处理。

根据岩石变形破坏特点,在进行覆岩移动变形分析时,人们既关心地表的移动和变形规律,又关心覆岩内部特别是离层带内的发育规律,结合以往的工程实践和所研究问题的特点,对于静态分析,选用弹性和弹塑性力学方法来处理,对于动态分析,采用蠕变理论进行研究。

3.1.1.2　弹塑性屈服准则——Drucker-Prager(D-P)屈服准则

德鲁克和普拉格于 1952 年提出了考虑静水压力影响的广义 Mises 屈服与破坏准则,常常被称为德鲁克-普拉格(Drucker-Prager)准则,简称 D-P 准则,即

$$f = \alpha I_1 + \sqrt{J_2} - K = 0 \tag{3.1}$$

式中　I_1——应力第一不变量,$I_1 = \sigma_{ii} = \sigma_1 + \sigma_2 + \sigma_3 = \sigma_x + \sigma_y + \sigma_z$;

　　　J_2——应力偏量第二不变量,$J_2 = \dfrac{1}{2} s_i s_i = \dfrac{1}{6} \left[(\sigma_1 - \sigma_2)^2 + (\sigma_2 - \sigma_3)^2 + (\sigma_3 - \sigma_1)^2 \right]$;

　　　α, K——与岩石内摩擦角和黏结力有关的实验常数。

德鲁克-普拉格(D-P)准则是岩石力学中最为重要的强度理论之一,D-P 准则计入了中间主应力的影响,又考虑了静水压力的作用,克服了 Mohr-Coulomb 准则的主要弱点。D-P 准则在岩土工程研究中,尤其是在岩土工程数值分析中应用极为广泛,该强度理论同时反映了体积应力、剪应力和中间主应力对岩石强度的影响,较其他强度理论更能反映实际。

Drucker-Prager 屈服准则对 Mohr-Coulomb 准则给予近似,以此来修正 von Mises 屈服准则,即在 von Mises 表达式中包含一个附加项,其流动准则既可使用相关流动准则,也可使用不相关流动准则,其屈服面并不随着材料的逐渐屈服而改变,因而没有强化准则,然

而,其屈服强度随着侧限压力(静水压力)的增加而相应增加,其塑性行为被假定为理想弹塑性。另外,这种材料考虑了由于屈服而引起的体积膨胀。

在数值计算中,D-P 材料需要输入的参数有 E、μ、C、φ、φ_f,各参数确定方法如下:

$$C = \frac{\sqrt{3}\sigma_y(3-\sin\varphi)}{6\cos\varphi} \tag{3.2}$$

$$\varphi = \arcsin\left[\frac{3\sqrt{3}\beta}{3+\sqrt{3}\beta}\right] \tag{3.3}$$

上式中的 β 和 σ_y 可根据单轴受压屈服应力和受拉屈服应力由下式计算得到:

$$\beta = \frac{\sigma_c - \sigma_t}{\sqrt{3}(\sigma_c + \sigma_t)} \tag{3.4}$$

$$\sigma_y = \frac{2\sigma_c\sigma_t}{\sqrt{3}(\sigma_c + \sigma_t)} \tag{3.5}$$

因此,如果有单轴受拉屈服应力 σ_t 和单轴受压屈服应力 σ_c,就可以根据上式计算出程序需要的输入值。

另外,φ_f 代表膨胀角,它用来控制体积膨胀的大小,对压实的颗粒状材料,当材料受剪时,颗粒将会膨胀,如果膨胀角 $\varphi_f = 0$,则不会发生体积膨胀,如果 $\varphi_f = \varphi$,则在材料中将会发生严重的体积膨胀,一般来说,$\varphi_f = 0$ 是一种保守方法。

D-P 材料的本构关系可由屈服准则进一步推出。

3.1.1.3 Ansys 蠕变理论

煤层开采引起的覆岩移动,不仅会产生顶板破坏的弹塑性变形,而且覆岩内部和表土层中也会产生与时间有关的蠕变现象,即开采结束后,地表仍在缓慢地下沉,因此,对开采覆岩移动应该考虑蠕变这一问题。

Ansys 程序通过一个方程来模拟材料蠕变行为,此方程描述了在实验中观测到的主要特征(特别是在一维的拉伸实验中)。这个方程以蠕应变率的方式表示出来,其形式如下:

$$\dot{\varepsilon}^{cr} = A\sigma^B\varepsilon^Ct^D \tag{3.6}$$

式中,A、B、C、D 是从实验中得到的材料常数,常数本身也可能是应力、应变、时间或温度的函数,这种形式的方程被称为状态方程。

式(3.6)中,当常数 D 为负值时,蠕应变率随时间延长而下降,材料处于初始蠕变阶段;当 $D=0$ 时,蠕应变率为常数,材料处于第二期蠕变阶段。

求解蠕应变率使用欧拉朝前法,以对应于时间步开始时的应力、应变为基础计算出蠕应变率,在每个时间步长内,蠕应变率被假定是常数。因此有:

$$\Delta\varepsilon^{cr} = \dot{\varepsilon}^{cr}(\sigma_{n-1}, \varepsilon_{n-1, T_n})\Delta t \tag{3.7}$$

为了减小误差,需要小的时间步长,特别是在蠕应变率变化很大的区域。蠕应变率越小,结果越精确。一个等于或小于 0.1 的蠕应变率将产生相当精确的结果。如果步长太大,求解将变得不稳定,并且不收敛,稳定权限对应于 0.25 的蠕应变率。

在程序中,可以根据所使用的材料特性不同,从蠕应变率方程库中选择对应的方程,确定相应的蠕变准则,也就是说,程序建立了某些特定材料的特定蠕变准则。

将蠕变方程与方程库各项比较,即可选定一组蠕变参数。

3.1.2 岩石力学参数的确定

在岩土工程数值仿真计算中,经常出现计算值与实测值相差很大的情况,造成这种现象的原因有很多,但最主要的原因是本构模型选取与岩石力学参数的采用存在问题,假如岩土介质选用了合理的本构模型,那么采用的岩石力学参数则成为最关键的问题。众所周知,岩石力学参数的室内实验值是不能直接作为数值计算输入参数的,而岩石力学参数的现场原位测试又浪费大量人力、物力和财力,而且由于岩体具有空间变异性的特点,在不同地点的测试值往往不同,有时甚至相差甚远,这给岩石力学参数的确定带来了一定的困难。在这种情况下,位移反分析方法应运而生,并且在岩土工程的计算和设计施工中发挥了巨大的作用。

位移反分析(或称参数辨识、位移反演)用观测到的位移场作为已知量,利用所选择的力学模型和开挖工况,反求力学参数或原始地应力场。由于有限元等各种数值方法的出现,人们可以根据现场获得的实测位移方便快捷地在室内反求出需要的岩石力学参数,这个力学参数可用于正算预计下一步的施工位移,同时,可运用下一步的实测位移进一步修正计算模型和计算参数,这种不断的反演—正算—修正—预报的方法,可以有效地指导岩土工程施工。

岩石力学参数的反演可分为"正法"和"逆法"两大类。所谓"逆法"是指把模型输出表示成待求参数的显函数,根据模型输出的观测值,利用这个函数关系反求出待求参数。若要考虑误差的存在,可由准则函数 J 达到极小值的必要条件(J 参数的一阶偏导数等于零)所列的方程组求解待求参数。"正法"与"逆法"不同,它不是利用极值的必要条件求出待求参数,而是首先对待求参数指定"初值",然后计算模型的输出值,并和实际量测值比较,如果二者吻合良好,假设的参数"初值"就是待求的参数值。事实上,很难恰好求出参数值,这时就需要反复修改"初值",重算计算模型的输出值,直至准则函数达到极小值,此时的参数值即所求的参数。在岩土工程的位移反演中,由于问题的复杂性,人们使用更多的是"正法","正法"中所涉及的几项主要研究内容是确定待求参数、确定目标函数以及选择优化方法,这几项内容也是反分析方法成功的关键所在。

3.1.3 层间弱面的模拟

由于沉积岩层的层状特征,在岩层交界的层面上会存在弱面,沉积型弱面具有厚度薄、层次多、相变大,抗拉强度低的特点,接触面的光滑程度、接触状态及有无充填物等因素都极大影响这些弱面的力学特性。当岩层弱面承受纵向拉应力或弱面处的剪应力大于其抗剪强度时,就有可能发生层间分离,进而发展成离层空间。研究离层带的动态发育规律,数值分析计算中首要解决的问题是弱面模拟问题。

由于软弱面的厚度一般较小,人们自然想到用一种特殊的单元对其进行描述,常用来模拟弱面的单元有节理单元、等厚度节理单元和八节点空间节理单元等。1968 年,Goodman 提出了线性的无厚度节理单元,奠定了节理单元的研究基础。1970 年,Zienkiewicz 给出了二维等参单元节理单元模式,并被进一步推广到三维问题中,这些节理单元模式是基于当节理单元厚度很薄时,与节理面垂直面上的正应变及与之相应的剪应变很小,从而对常规平面四节点或空间八节点体单元进行简化而获得的。需要指出的是,这种简化公式理论上讲只对厚度趋于无穷小时才成立,而实际情况下结构面的厚度是不定的,因此,这种简化将导致求解结果的近似性,且其精度很难判断。由于这种简化最终生成的单元刚度矩阵元素与常规实体单元相同,且其计算过程较复杂,因此,事实上并未导致计算效率的提高。据有关资料分析,单元刚度矩阵中的各项元素与单元边长比关系不大,并不会出现奇异矩阵,因而完全可以使用常规的矩形或长方形单元来反映软弱面的工作性态。

本次计算采用接触单元模拟层间弱面,由于两个岩层间涉及两个边界的接触问题,因此,将上位岩层作为目标面,将下位岩层作为接触面,接触面和目标面都是变形体,这两个面合起来叫"接触对",使用 Targe 169 和 Conta 171 或 Conta 172 来定义 2-D 接触对,使用 Targe 170 和 Conta 173 或 Conta 174 来定义 3-D 接触对,程序通过相应的实常数号来识别接触对。

程序使用 9 个实常数和几个单元关键字来控制面-面接触单元的接触行为,其中实常数 R_1 和 R_2 用来定义目标面单元的几何形状,其余的如法向接触刚度因子、初始靠近因子、最大接触摩擦、接触发生时所给的刚度因子等用来控制接触行为。定义接触刚度时,应该选择足够大的接触刚度以保证接触穿透小到可以接受,但同时又应该让接触刚度足够小以便不会引起总刚度矩阵的病态问题而保证收敛性。在选择摩擦类型时,基本模型为库仑摩擦模型,两个接触面在开始相互滑动之前,在它们的界面上会有达到某一大小的剪应力产生,这种状态叫作黏合状态,库仑摩擦模型定义了一个等效剪应力,一旦剪应力超过此值,两个表面之间将会产生滑动,这种状态叫作滑动状态。

3.1.4　开挖仿真过程

开挖及回填过程采用指定死/活单元(Death/Birth)方法来实现,这种方法广泛应用于矿层开采、隧道开挖、建桥系列装配等计算中。

计算过程分若干步进行,若在某一计算步中要仿真某段煤层的开采,则预先将该开采区剖分成一组单元;对于多步动态开挖问题,在建模分网时就要事先将每一组开挖的煤体或岩体剖分成一组单元;当在该计算步要开挖时,可令这部分单元死亡(Death)来实现开挖效果。所谓杀死单元,程序并不是真正移走"死"单元,相反,程序通过一个很小的因子乘以它们的刚度,此因子的缺省值为 10^{-6},在荷载矢量中,和这些"死"单元相联系的单元荷载和应变也被设置为零,这样处理相当于忽略了开挖部分单元的作用,较好地仿真了实际开挖过程。与此相似,当单元活的时候,它们也不是真正地被添加到模型中,而只是一种简单的重新激活;在前处理期间,我们必须定义所有的单元,包括那些在以后分析中将会变"活"的单元;在求解期间,我们不能建立任何新单元,为了"添加"新单元,首先必须让它们"死掉",然后在合适的荷载步中将它们激活,单元激活功能可以很好地模拟岩土工程中的支护施工。

3.1.5　垮落带处理方法

以往反分析计算证明,岩土工程数值计算必须考虑岩体的变形机制,即松动区问题,松动区是与岩土工程的开挖施工紧密联系在一起的,松动区(垮落带)是在开挖过程中逐步形成的,包括时效因素的影响,但绝不仅仅是岩体的流变问题,垮落矸石从产生到逐渐被压实既包含着岩体的流变过程,又包含着岩块在覆岩压力作用下寻找新的平衡位置的过程。如果不考虑其变形破坏问题,使用连续介质力学的方法,虽然也能使计算位移与实测位移吻合得较好,但计算所采用的弹性模量等参数会较低,为工程界难以接受,因此,在数值仿真计算过程中,对垮落带必须进行合理处理,处理方法可采用限定位移法和变参数法。

(1)限定位移法

由于有限元计算方法是建立在连续介质力学基础上的,它的计算严格按力学理论推演,在采空区内如果对顶板不进行位移限制,只要有重力存在,顶板位移会一直持续发展,直至侵入底板。而事实上,顶板岩层的垮落有一定限度,因此,在有限元计算中,当煤层被采出后,需要对顶板进行限定位移。当顶板的最大位移值接近煤层采厚时,给顶板一个位移约束,根据工程实际,对于强度较高的砂岩,其碎胀系数为 1.30~1.35,强度较低的一般岩层,其碎胀系数为 1.25~1.28,被压缩后的碎胀系数为 1.1,因此,考虑顶板垮落矸石被压实后仍具有碎胀性,可确定限定位移量为 0.9M(M 为采出煤层的厚度),这实际上实现了覆岩在采空区内为"弹性地基梁"的建模规则。

(2)变参数法

随工作面的推进,垮落矸石在上覆岩层压力作用下逐步被压实,材料的密度 ρ、弹性模量 E 和泊松比 μ 都随时间 t 而变化,已有研究表明,ρ、E、μ 的变化规律可由以下经验公式确定:

$$\begin{cases} \rho = 1\,600 + 800(1 - e^{-1.25t}) \\ E = 15 + 175(1 - e^{-1.25t}) \\ \mu = 0.05 + 0.2(1 - e^{-1.25t}) \end{cases} \tag{3.8}$$

式中,时间 t 的单位为年。式(3.8)反映出 ρ、E 和 μ 与时间 t 呈指数关系,并最终达到恒定值。

在具体的动态仿真计算过程中,可以根据开挖步距和现场实际工作面日推进度确定开挖所经历的时间,从而由经验公式求得某一既定时刻垮落带的力学参数。这种方法可较真实地仿真矸石从垮落到逐渐压实最后趋于稳定过程中力学参数的变化情况,在计算过程中也易于实现。

3.2 采场覆岩离层动态发育规律二维数值仿真研究

采场覆岩离层动态发育规律二维数值仿真研究的目的是利用有限元数值计算程序 ANSYS 建立二维数值计算模型,模拟煤层开采后覆岩离层在走向和倾向两个主断面上随开采的动态发展规律,得出工作面推进过程中的离层发育状态,为注浆减沉方案设计提供依据。

3.2.1 采场覆岩离层动态力学模型

3.2.1.1 工程地质模型建立

工程地质结构模型是进行数值仿真研究的基础,在对工程区域地质条件深入认识的基础上,建立合理的工程地质概化模型,是实现数值计算的前提条件。在对开滦唐山矿京山铁路煤柱首采区区域地质条件深入分析的基础上,根据首采区各个综放工作面的布置方式,建立工程地质二维模型,如图 3-1 和图 3-2 所示。

图 3-1　唐山矿京山铁路煤柱首采区走向剖面工程地质模型图

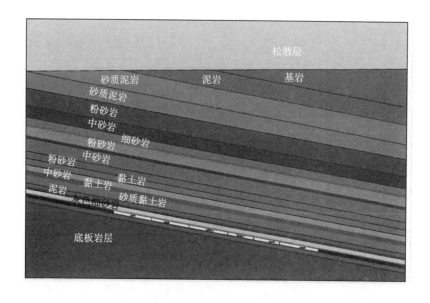

图 3-2　唐山矿京山铁路煤柱首采区倾向剖面工程地质模型图

3.2.1.2　计算模型建立

在建立数值计算模型时需要首先选择合理的计算范围,以使计算结果尽量避免受边界条件的影响。但是为了节省计算时间,模型范围也不应太大,而且交界网格应平滑过渡,避免网格的形状、大小的骤变。

依据首采区走向剖面与倾向剖面工程地质模型,采用平面应变计算模型,针对具体工程,分别建立走向剖面和倾向剖面计算模型,各模型的具体结构及计算工况如下:

走向剖面二维数值仿真计算模型如图 3-3 所示,模型水平方向长度为 2 000 m,垂直深度为 900 m,从煤层底板直至地表,共划分单元 5 400 个。

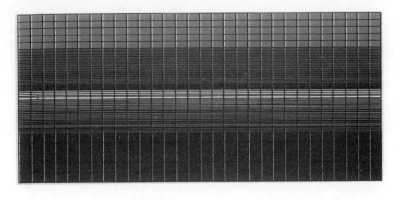

图 3-3　唐山矿京山铁路煤柱首采区走向剖面二维数值仿真计算模型

倾向剖面二维数值仿真计算模型如图 3-4 所示,模型水平方向长度为 2 000 m,垂直深度为 900 m。

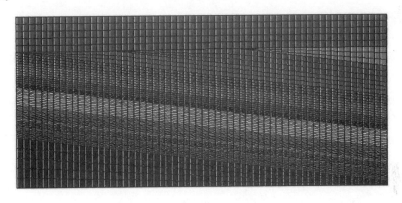

图 3-4　唐山矿京山铁路煤柱首采区倾向剖面二维数值仿真计算模型

3.2.1.3　本构关系选取

本次计算选用弹塑性屈服准则——Drucker-Prager(D-P)屈服准则。

3.2.1.4　岩石力学参数确定

本次计算所采用的部分岩石力学参数来自位移反分析的成果,其余参数通过理论计算和实践经验确定。选取的岩石力学参数如表 3-1 所示。

表 3-1　岩石力学参数

岩性	弹性模量 E/MPa	泊松比 μ	密度 ρ/(kg/m³)	黏聚力 C/MPa	内摩擦角/(°)
泥岩	1 300	0.23	2 480	0.86	28.0
煤层	1 250	0.34	1 350	0.30	30.5
砂质泥岩	2 300	0.28	2 500	0.95	30.0
粉砂岩	9 200	0.23	2 520	1.13	37.1

表 3-1(续)

岩性	弹性模量 E/MPa	泊松比 μ	密度 ρ/(kg/m³)	黏聚力 C/MPa	内摩擦角/(°)
细砂岩	10 500	0.26	2 460	1.28	36.0
中砂岩	12 500	0.26	2 540	1.28	36.5
黏土岩	4 050	0.18	2 400	1.08	30.0
砂质黏土岩	6 000	0.20	2 100	1.18	32.0
松散层	600	0.35	1 800	0.015	15.0

3.2.2 采场覆岩离层二维数值仿真计算步骤

本次数值仿真使用有限元软件 ANSYS 进行计算,数值仿真的主要目的是研究随工作面推进覆岩离层的动态发展过程,仿真离层从开始出现,逐渐发展到最大,最后减小直至闭合的全过程。数值仿真模拟煤层开采采用指定死/活单元(Death/Birth)方法来实现,仿真开挖时令这部分单元死亡来实现开挖效果;而模拟采空区垮落则采用限定位移法,给定顶板限定位移量为 $0.9M$(M 为采出煤层的厚度)进行数值计算。

开挖仿真计算过程按以下步骤进行:

第一步,进行初始计算。

建立模型后,在未进行开挖的情况下,仅有自重和边界约束条件,左、右边界限定水平位移,底边界限定水平和垂直位移,上边界因模型范围直至地表为自由边界,在这种状态下,计算初始应力场 $\{\sigma\}^0$ 和初始位移场 $\{d\}^0$。

第二步,进行第 i 次开挖计算(i 为开挖次数,$i=1,2,\cdots,n$)。

在外荷载不变的情况下,根据工程进行第 i 次开挖模拟,令本次开挖单元死亡,仿真煤层被采出,进行本次计算,得到本次开挖计算结果应力场 $\{\sigma\}^i$ 和位移场 $\{d\}^i$。

第三步,当 $i<n$ 时,重复第二步的计算,否则停止。

以上各步开挖计算得到的 $\{\sigma\}^i$ 和 $\{d\}^i$ 表示开挖完成后的应力和变形结果,每步开挖引起的变形量减去初始计算值($\{\overline{d}\}^i=\{d\}^i-\{d\}^0$),即该步开挖引起的变形量。

3.2.3 采场覆岩离层二维数值仿真分析

3.2.3.1 走向剖面二维数值仿真分析

根据京山铁路煤柱首采区地质柱状图资料分析,采场覆岩设置 6 处弱面,分别在顶板以上 50 m、90 m、149 m、202 m、240 m、306 m 处,分别标记为 A、B、C、D、E、F,走向剖面分别计算工作面推进 200 m、300 m、400 m、500 m、600 m、700 m 时覆岩移动变形与离层发育情况。由图 3-5 至图 3-10 可以分析随工作面开采覆岩移动变形和离层发育的动态发展过程。

① 如图 3-5 所示,当工作面推进 200 m 时,下部弱面 A 处和 B 处出现离层,最大离层量为 17.0 mm。这说明当工作面推进 150～200 m 时,弱面 A 处上下的岩层出现了不同步沉降,弱面张开产生离层。

② 如图 3-6 所示,当工作面推进 300 m 时,弱面 C、D 处开始出现离层,A、B 两处的离层量开始增大,最大离层量为 36.8 mm。

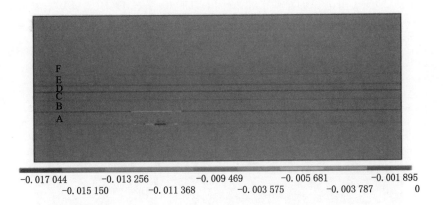

-0.017 044　　　　-0.013 256　　　　-0.009 469　　　　-0.005 681　　　　-0.001 895
　　　　-0.015 150　　　　-0.011 368　　　　-0.003 575　　　　-0.003 787　　　　0

图 3-5　唐山矿京山铁路煤柱首采区工作面推进 200 m 时覆岩离层发育状态图

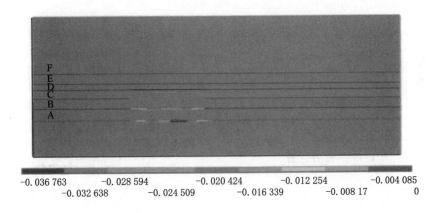

-0.036 763　　　　-0.028 594　　　　-0.020 424　　　　-0.012 254　　　　-0.004 085
　　　　-0.032 638　　　　-0.024 509　　　　-0.016 339　　　　-0.008 17　　　　0

图 3-6　唐山矿京山铁路煤柱首采区工作面推进 300 m 时覆岩离层发育状态图

　　③ 如图 3-7 所示,当工作面推进 400 m 时,弱面 A、B、C、D、E 五处有离层出现,最大离层量为 68.4 mm,离层量最大的位置在从下到上的第 2 个弱面即 B 处,其他各处离层量均较小,但大小不均,这与该弱面距煤层顶板的距离及弱面上下岩层的岩性密切相关。

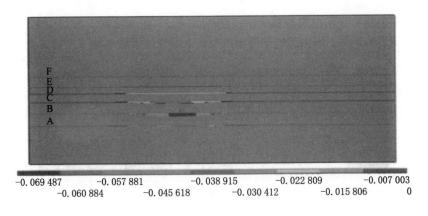

-0.069 487　　　　-0.057 881　　　　-0.038 915　　　　-0.022 809　　　　-0.007 003
　　　　-0.060 884　　　　-0.045 618　　　　-0.030 412　　　　-0.015 806　　　　0

图 3-7　唐山矿京山铁路煤柱首采区工作面推进 400 m 时覆岩离层发育状态图

④ 如图 3-8 所示,当工作面推进 500 m 时,弱面 A、B、C、D、E、F 处均有离层出现,最大离层量达 117.4 mm。

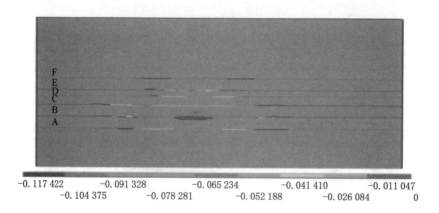

-0.117 422　-0.091 328　-0.065 234　-0.041 410　-0.011 047
　　-0.104 375　-0.078 281　-0.052 188　-0.026 084　0

图 3-8　唐山矿京山铁路煤柱首采区工作面推进 500 m 时覆岩离层发育状态图

⑤ 如图 3-9 所示,当工作面推进 600 m 时,弱面 A、B、C 处的离层均趋向闭合,上部的 E、F 两弱面处明显分离,其中,最上部弱面 F 处的最大离层量为 86.7 mm。

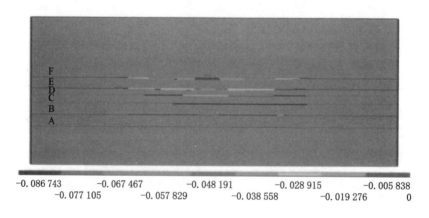

-0.086 743　-0.067 467　-0.048 191　-0.028 915　-0.005 838
　　-0.077 105　-0.057 829　-0.038 558　-0.019 276　0

图 3-9　唐山矿京山铁路煤柱首采区工作面推进 600 m 时覆岩离层发育状态图

⑥ 如图 3-10 所示,当工作面推进 700 m 时,下部 5 个弱面处的离层除个别有残余裂缝外,大部分已闭合,最上部弱面 F 处的离层量最大,达到 74.6 mm。由此可知,如果由 F 处向上继续设置弱面,此时上部的弱面也应是张开的,而由于所建模型没有在上部继续设置弱面,因而 F 处的离层量最大。

根据以上首采区工作面推进 200 m、300 m、400 m、500 m、600 m、700 m 后覆岩移动变形和离层发育的数据,绘制得到 6 个弱面离层量的发展过程曲线,如图 3-11 所示。

3.2.3.2　走向剖面二维数值仿真分析结论

根据以上二维数值仿真研究分析,得出开滦唐山矿京山铁路煤柱覆岩移动与离层发育规律,用于指导覆岩离层注浆减沉工程。

① 随着工作面开采推进,覆岩离层自下而上逐渐发展,最下部的离层会随着上部离层

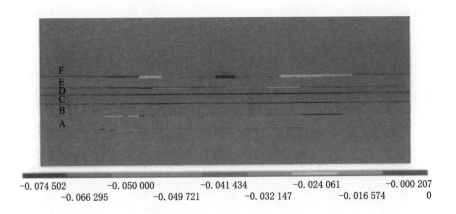

图 3-10　唐山矿京山铁路煤柱首采区工作面推进 700 m 时覆岩离层发育状态图

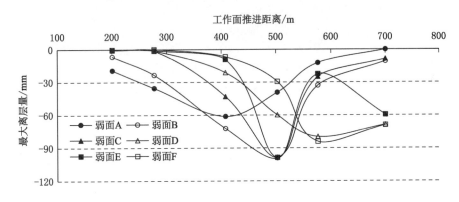

图 3-11　唐山矿京山铁路煤柱首采区覆岩各弱面离层随工作面推进发展过程曲线图

的出现而趋于闭合。每一离层都会呈现从开始出现到发展至最大,随后减小甚至闭合的过程。

②　中硬覆岩条件下的中厚以上煤层开采,当工作面推进距离约达到采深的 1/3 后,破裂带上方的离层开始出现,此时可开始对离层进行注浆。

③　工作面开采达到一定范围后,离层发展到覆岩上部,在开采范围内中间部位的下部离层一般会闭合,而上部覆岩及开切眼和停采线附近覆岩一般会有残余离层存在,有的离层甚至永不闭合。

④　两相邻岩层的抗弯刚度存在的差别是产生离层的关键,离层对于岩层厚度具有较强的敏感性。如果相邻岩层岩性相近,上位岩层厚度较大,下位岩层厚度较小,上位厚度较大岩层的底面无疑是产生离层的位置。

⑤　采场覆岩离层二维数值仿真研究揭示,离层注浆必须适应覆岩离层发育规律,做到多层位、及时、有效注浆充填离层空间,才能取得较好的减沉效果。

3.2.3.3　倾向剖面二维数值仿真分析

根据唐山矿铁路煤柱首采区开拓部署,首采区共布置 6 个综放工作面,各工作面的开采顺序为 T2191→T2195→T2192→T2194→T2193$_上$→T2193$_下$。采场覆岩设置 6 处弱面,分别在煤层顶板以上 50 m、90 m、149 m、202 m、240 m、306 m 处,分别标记为弱面 A、B、C、D、

E、F。通过数值计算得到每个综放工作面开采结束后采场覆岩移动变形和离层发育的动态发展过程,如图 3-12 至图 3-17 所示。

① 如图 3-12 所示,T2191 综放工作面开采结束后,A、B 处的弱面开始张开并形成离层,离层量较小,这说明,由于一个工作面开采在倾斜方向上的长度较小,相对较大的采深,此时的开采在倾斜方向上为极不充分采动,覆岩破坏范围小,因此,只有下部的弱面受开采影响而张开。

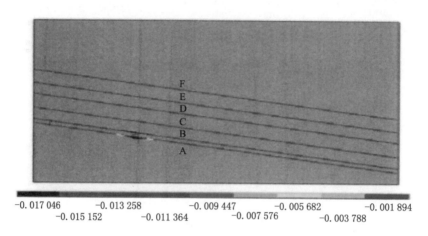

图 3-12　唐山矿京山铁路煤柱首采区 T2191 工作面开采后覆岩离层发育状态图

② 如图 3-13 所示,T2195 综放工作面开采结束后,煤层顶板之上的 3 个弱面 A、B、C 处均出现离层,离层最大值为 56 mm。

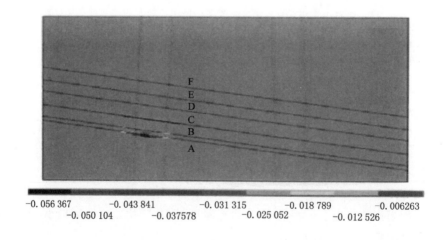

图 3-13　唐山矿京山铁路煤柱首采区 T2195 工作面开采后覆岩离层发育状态图

③ 如图 3-14 所示,T2192 综放工作面开采结束后,自煤层顶板向上的弱面 A、B、C、D 处均出现离层,离层的最大值达 88 mm。

④ 如图 3-15 所示,T2194 综放工作面开采结束后,自煤层顶板向上的弱面 E 处开始出现离层,离层量为 150 mm,达到最大值。

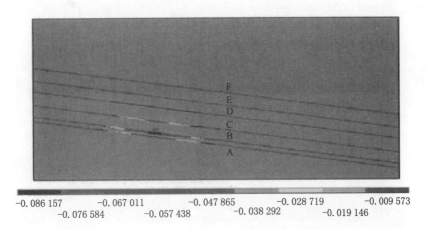

-0.086 157   -0.067 011   -0.047 865   -0.028 719   -0.009 573

    -0.076 584   -0.057 438   -0.038 292   -0.019 146

图 3-14　唐山矿京山铁路煤柱首采区 T2192 工作面开采后覆岩离层发育状态图

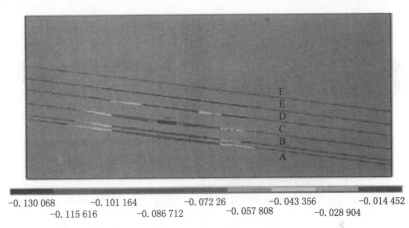

-0.130 068   -0.101 164   -0.072 26   -0.043 356   -0.014 452

    -0.115 616   -0.086 712   -0.057 808   -0.028 904

图 3-15　唐山矿京山铁路煤柱首采区 T2194 工作面开采后覆岩离层发育状态图

⑤ 如图 3-16 所示,T2193$_{上}$综放工作面开采结束后,弱面 F 处开始出现离层,离层的最大值为 119 mm,弱面 A、B 处的离层趋于闭合。

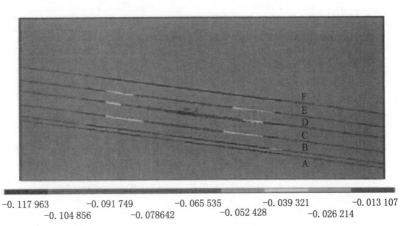

-0.117 963   -0.091 749   -0.065 535   -0.039 321   -0.013 107

    -0.104 856   -0.078642   -0.052 428   -0.026 214

图 3-16　唐山矿京山铁路煤柱首采区 T2193$_{上}$工作面开采后覆岩离层发育状态图

⑥ 如图 3-17 所示，T2193$_\text{下}$综放工作面开采结束后，弱面 A、B、C 处的离层基本趋于闭合，E 处离层量达到最大值，为 98 mm。

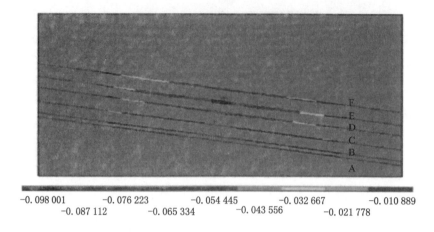

图 3-17　唐山矿京山铁路煤柱首采区 T2193$_\text{下}$工作面开采后覆岩离层发育状态图

3.2.3.4　倾向剖面二维数值仿真分析结论

根据以上倾向剖面二维数值仿真研究分析，得出开滦唐山矿京山铁路煤柱首采区每个工作面开采结束后覆岩移动与离层发育规律。

① 倾向的充分采动程度控制着整个覆岩的破坏范围，或者说煤层开采后覆岩自然平衡拱的高度是由倾向开采长度控制的。倾向达不到充分采动，走向无论开采多长的距离都不会达到覆岩破坏的最大高度，离层发展的层位高度也因倾向开采长度的不同而不同。

② 非充分采动时，覆岩中的离层会存在较长的时间，采动程度特别小时，有的离层会永不闭合，从这一角度上讲，采用覆岩离层注浆控制地表沉陷时，要想注入更多的浆液，就要首先创造非充分采动的条件，另外，非充分采动也为注浆赢得了足够的时间。

③ 若开采宽度较大，开采工作结束后，在上覆岩体自重应力作用下，岩体将发生流变，离层和裂缝会慢慢闭合，最后只保留部分残余离层。

3.3　京山铁路煤柱开采地表沉陷规律三维数值仿真研究

利用三维有限差分计算软件 FLAC$^\text{3D}$建立三维模型，研究覆岩在空间上的移动规律和覆岩内部的移动变形特点，预计随工作面开采地表下沉值和地表下沉分布规律。

3.3.1　FLAC$^\text{3D}$简介

FLAC$^\text{3D}$是由美国明尼苏达 ITASCA 公司于 1986 年编制的一种专门解决岩土力学问题的显式有限差分程序。该程序是用于工程计算的基于拉格朗日差分的一种快速显式有限差分程序，采用了显式有限差分方法、混合离散方法和动态松弛方法，是研究三维连续介质达到平衡状态或稳定塑性流动状态时的力学行为的数值分析程序，适合于模拟地质体，可以模拟在土、岩石等达到塑性应变后发生屈服流动的材料中建造的建筑物和构筑物，能较好地模拟地质材料在达到强度极限或屈服极限时发生的破坏或塑性流动的力学行为，特别适用于分析渐进破坏、失稳以及模拟大变形。

FLAC³ᴰ程序因为其应用特殊的离散技术(空间混合离散技术),所以计算塑性屈服和流动是十分精确的,是国际上常用的岩土工程计算软件,应用范围十分广泛。而且通过FLAC³ᴰ程序自带的 FISH 语言,用户可以自己定义任何复杂的模型和本构关系以及根据自己的需要精确地控制计算过程。和其他有限元程序相比,FLAC³ᴰ程序具有速度快、易收敛的特点,适用于非线性、大变形问题。

有限差分方法是从一般的物理现象出发建立相应的微分方程,经离散后得到差分方程,再进行求解的方法,它是求解微分方程的最古老的方法之一。差分方程在计算机出现以前用一般的手摇计算器也可以求解。随着计算机技术的不断发展和其他计算方法的兴起,有限差分法曾一度受到冷遇,但到了 20 世纪 80 年代,随着 FLAC 程序的出现,有限差分法在岩土工程数值计算中得到了广泛的应用。

在有限差分法中,空间离散点处的控制方程组中每一个导数直接由含场变量(如应力和位移)的代数表达式替换,这些变量没有在单元内部进行定义。而有限元法中,应力和位移场变量是由参数控制的特征函数,以指定的模式在每一单元内变化。有限差分法为了表示场变量的变化率,变量关于空间和时间的一阶导数均用有限差分来代替微分,用割线斜率来代替切线斜率,FLAC³ᴰ程序中的单元可以划分成任意形状,因此,单元的划分不受边界形状的限制。

和有限元方法相比,有限差分方法在运算过程中不必形成像有限元程序那样的整体刚度矩阵,而是可以有效地在每一步重新生成有限差分方程(即用"显式的"时程方法求解代数方程),因此程序运行所占的内存不大,在内存较小的微机上亦可进行较大规模的计算。

FLAC³ᴰ中含有空模型、3 个弹性模型、8 个塑性模型,这 12 种本构模型完全可以适应各种工程分析的需要,其含有实体单元、锚索单元、桩单元、壳单元、土工格栅单元、初衬单元,也可模拟实际工程中锚杆、锚索、衬砌、钢拱架等各种类型的支护结构,基本可以满足工程计算。

3.3.2 京山铁路煤柱开采地表沉陷规律三维数值仿真力学模型

3.3.2.1 工程地质模型建立

在对开滦唐山矿京山铁路煤柱首采区区域地质条件深入分析的基础上,根据首采区各个综放工作面的开拓部署安排,建立工程地质三维模型,如图 3-18 所示。

3.3.2.2 计算模型建立

在建立数值计算模型时需要首先选择合理的计算范围,以使计算结果尽量避免受边界条件的影响。但是为了节省计算时间,模型范围也不应太大,而且交界网格应平滑过渡,避免网格的形状、大小的骤变。

依据首采区工程地质模型,针对分析的具体工程,本次三维数值仿真计算模型选取沿工作面倾向和走向各取 2 000 m,煤层与岩层赋存情况均模拟实际地质条件建立。最终三维数值计算模型的大小为 2 000 m×2 000 m×900 m(长×宽×高),整个模型划分为 58 860个单元,63 612 个节点,如图 3-19 所示。

3.3.2.3 本构关系选取

本次计算采用莫尔-库仑准则的弹塑性本构关系,采用 interface 接触单元模拟层间弱

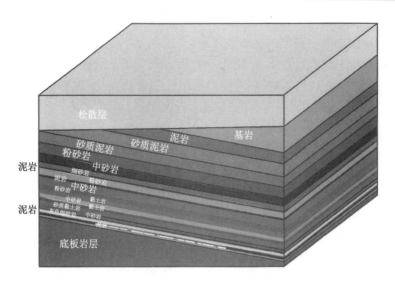

图 3-18　唐山矿京山铁路煤柱首采区工程地质三维模型

图 3-19　唐山矿京山铁路煤柱首采区三维数值仿真计算模型

面,接触单元是由 3 个节点组成的三角形单元,接触单元服从库仑剪破坏屈服准则和拉破坏屈服准则。

3.3.2.4　岩石力学参数确定

本次三维数值仿真计算所使用的岩石力学参数同表 3-1。

3.3.3　京山铁路煤柱开采地表沉陷规律三维数值仿真结论

① 京山铁路煤柱开采地表沉陷三维数值模型模拟了煤层开采覆岩运动规律,采用 FLAC^{3D} 有限差分计算软件,得到京山铁路煤柱首采区 6 个综放工作面开采后的地表沉陷三维曲面图(图 3-20)和地表下沉等值线图(图 3-21)。

② 按京山铁路煤柱首采区 8-9 煤层合区平均采高 11.28 m,上部 5 煤层已采,8-9 煤层合区开采属于重复采动,当唐山矿京山铁路煤柱首采区 6 个综放工作面全部采完后地表最大下沉值 $W_m = 1.2 \times 0.74 \times 11.28 = 10.017$ (m)。

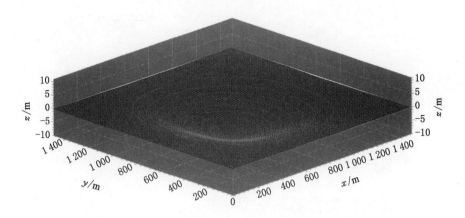

图 3-20 唐山矿京山铁路煤柱首采区开采后地表沉陷三维曲面图

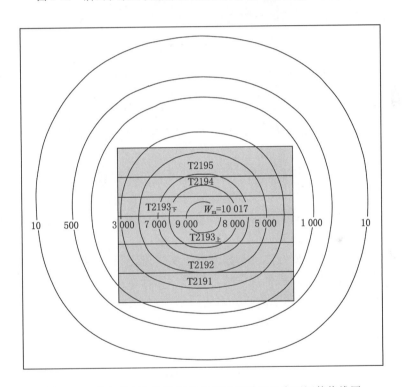

图 3-21 唐山矿京山铁路煤柱首采区开采后地表下沉等值线图

4 综放开采覆岩移动变形与离层 发育规律现场实测研究

4.1 现场实测研究的目的与意义

4.1.1 地表钻孔岩移观测的目的与意义

进行采场覆岩移动变形与离层监测,研究覆岩离层发育规律是注浆减沉研究的重要内容。覆岩离层发育规律是注浆减沉工程方案设计的基础,也是注浆减沉理论研究的基础。通过钻孔岩移观测可以获得离层产生的起始时间、每个离层的发展过程、最大离层缝厚度、不同层位高度离层缝的大小等,这些都是注浆减沉设计的重要依据。有了这些实测资料,在进行注浆减沉方案设计时,注浆层位、总注浆量、单位时间内的注浆强度以及注浆时间等参数设计就可以更有针对性。

注浆减沉工程最基本最核心的理论依据是在覆岩中存在离层。在采煤工作面推进过程中,在覆岩移动变形的一定时期内,在导水断裂带之上存在着由多个离层裂缝构成的可以进行注浆的离层带,而离层带中包含几处离层,每一离层的层位位置,以及离层缝最大宽度等问题,都需要通过现场实测得到。

一项成熟工程技术的主要标志应是技术系统实用先进,有完善的工程方案设计方法,有可靠的理论基础与理论依据。注浆减沉技术的理论基础就是岩石力学与开采沉陷理论的结合,目前国内外关于覆岩离层问题的研究多是限于理论探讨,而覆岩离层规律的工程实测较少。有了现场离层观测资料,掌握覆岩动态情况,可为研究覆岩离层发育规律提供准确、翔实的第一手资料。

4.1.2 井下钻孔采场覆岩导水断裂带高度观测的目的与意义

通过井下钻孔采场覆岩导水断裂带高度观测,可以得到煤层开采覆岩运动稳定后导水断裂带发育最大高度,为确定注浆减沉设计钻孔终孔深度提供依据,防止注浆浆液通过覆岩导水断裂带涌入采煤工作面空间,从而引发覆岩涌水危害;同时,采场覆岩导水断裂带高度观测成果还可以用于井田浅部煤层开采以及水体下煤层开采时的开采上限确定。因此,采场覆岩导水断裂带高度观测,对唐山煤矿注浆减沉工程和提高开采上限都具有重要意义。

4.1.3 数字式全景钻孔摄像系统观测的目的与意义

岩体内裂隙、节理、层理和断层等不连续结构面是工程地质研究的基础,而地下煤层开采后,由于采场上覆岩层内应力重新分布,覆岩产生弯曲、下沉及断裂等变形破坏方式,致使上覆岩层内不连续结构面进一步发育,在岩层的分界面处会产生离层。而覆岩离层注浆减沉工程中离层层位的确定是注浆减沉方案设计的关键所在,数字式全景钻孔摄像技术具有三维和高精度的特征,该技术很容易通过摄影图像识别在岩层分界面处的结构变化,同时也能够清晰地辨别出岩层和岩性的变化,从而确定离层的位置,这将为注浆减沉方案设计提供重要依据。

4.2　地表钻孔岩层移动与离层动态发育规律观测

为了深入进行覆岩运动和离层发育规律的研究,先后在开滦唐山矿铁二采区现场施工了2个观测钻孔,实地进行覆岩运动和离层发育规律观测,其中1个观测钻孔位于T2294综放工作面上方,另1个观测钻孔位于T2291综放工作面上方,通过现场观测覆岩动态情况,为研究覆岩离层发育规律提供可靠基础。

4.2.1　覆岩离层动态发育规律观测设计

4.2.1.1　观测内容与观测方法

（1）观测内容

现场观测覆岩离层发生、发展、闭合的岩层运动全过程,具体观测内容包括:采场覆岩导水断裂带高度以上纵向范围离层带内各个岩层的运动情况;从岩层开始移动变形,一直到岩层移动变形稳定的周期变化;岩层沿铅垂方向的位移;等等。

（2）观测方法

现场覆岩动态观测要选取合适位置,由地面施工覆岩离层观测钻孔,并在钻孔孔口附近设置观测站。在钻孔孔内预计产生覆岩离层的部位设置用压缩木制作的多个测点,钻孔孔内测点布置如图 4-1 所示。压缩木各测点分别用 $\phi 2$ mm 钢丝连接并引至地面,各钢丝绕过观测架的滑轮与重锤连接,通过测量钢丝的下垂量变化来观测覆岩的移动与离层,观测架装置如图 4-2 所示。钢丝的下垂量变化采用两种观测方法:一是人工直接读数;二是使用专门的监测仪器自动监测计算机存储。

4.2.1.2　压缩木测点制作

覆岩离层动态观测使用压缩木测点,这是一种最简单、最可靠的传统方法,实践表明该方法测点安装方便,经济实用。压缩木制作技术性较强,要做好选材、压缩、加工、封存等各个环节的工作。

（1）选材

最好使用优质红松木,先加工成 200 mm×100 mm×60 mm 的长方体块状,长度方向为纤维方向。要求木块没有裂纹,没有拐节,含水率低。

（2）压缩

将木块放入压力实验机,沿木块厚度方向缓慢加压,压缩率控制在 50%,在压力实验机上稳定加压 5～7 d。

（3）加工

把压缩成的 200 mm×100 mm×30 mm 的长方体块,三块一组,相邻块之间加胶粘连,并穿上竹签,使之成为一个 200 mm×100 mm×90 mm 的长方体块;再上车床加工成长

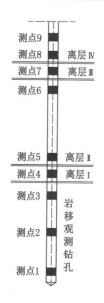

测点9
测点8　离层Ⅳ
测点7　离层Ⅲ
测点6

测点5　离层Ⅱ
测点4　离层Ⅰ
测点3
岩
移
测点2　观
测
钻
测点1　孔

图 4-1　观测钻孔孔内测点布置示意图

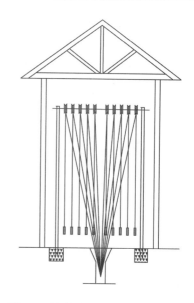

图 4-2　钻孔孔口观测架装置示意图

200 mm、直径 90 mm 的圆柱体,并在圆柱体中心钻出一个 ϕ20 mm 的圆孔。

（4）封存

把加工好的压缩木装进塑料袋内,密封存放。

（5）加工配件

另外,还需要加工压缩木的中心钢管、配重用的重锤,以及配套的螺丝帽等。加工成型的压缩木及配件如图 4-3 和图 4-4 所示。

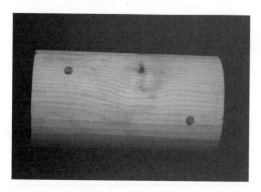

图 4-3　加工成型的压缩木

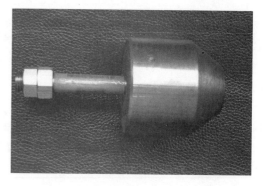

图 4-4　压缩木中心钢管与配重重锤

4.2.1.3　钻孔孔口观测架结构设计

在离层观测钻孔孔口位置要安设一个观测架,支架高 2.6 m,宽 1.6 m,可用 11 号槽钢焊接而成。支架底部焊接成三脚架形状,以保持支架的稳定性;支架上放置横梁,横梁上均匀布置 6 个滑轮(滑轮个数应与离层观测点个数相同),用于悬挂钢丝;在支架横梁下立一块有机玻璃板,并在有机玻璃板上粘连 6 根长 2 400 mm 的钢尺,以用于人工读数;同时加工 6 个悬挂在钢丝上的孔口重锤,重锤质量约 10 kg。

4.2.1.4 观测钻孔内测点安装步骤

现场安装实践表明,观测钻孔孔内压缩木测点安装技术性很强,这主要体现为唐山矿两个工作面的离层观测钻孔深度都超过 500 m,安装过程中在孔内悬挂几百米的测点装置会发生旋转,从而造成各条连接钢丝缠绕在一起,致使测点无法安装到位。即使能安装到位,也会因钢丝缠绕无法观测到真实的岩层位移和离层。为解决上述问题,可以采用如下测点安装方法。

(1)组装测点装置

在钻孔内各测点安装前,要备齐所有测点元件和材料,准确测试离层观测钻孔的孔径及深度,以便确定测点压缩木的外径与安装深度,并组装测点装置。测点装置组装完成后如图 4-5 所示。

图 4-5　组装好的测点装置

(2)截取连接测点装置的钢丝

根据各个测点设置的深度、孔口观测支架的高度和孔口预留的钢丝长度截取各条连接测点装置的 $\phi 2$ mm 钢丝长度。

(3)连接观测装置

将组装好的压缩木测点装置与 $\phi 2$ mm 钢丝连接,并按在钻孔内的位置顺序编好号码,$\phi 2$ mm 钢丝缠绕孔口观测架滑轮后与重锤相连。

(4)将测点装置放入钻孔内进行安装

按照安装顺序在钻孔内安装测点装置,先安装最深部的 1 号测点,把组装好的压缩木测点放置在钻杆底端,然后通过钻机将钻杆缓慢下放到设计深度,并在地面孔口固定好 1 号钢丝,再依此按顺序安装浅部的 2 号、3 号等测点。

(5)地面观测系统调试

钻孔内各测点装置安装完成后,要在钻孔内放置一天时间,待压缩木充分膨胀并与钻孔壁紧密固定在一起后,拉紧各条钢丝并进行测量观测记录。将观测架滑轮至重锤间 $\phi 2$ mm 钢丝长度,作为观测覆岩运动与离层的基础。

4.2.1.5 现场覆岩动态观测

现场覆岩动态观测记录采取人工观测和自动监测两种手段。

(1)人工观测

在钻孔孔口地面观测房设专人一天三班值班观测,做到认真、仔细、准确。具体观测密度根据井下采煤工作面的开采进度而定。在工作面开采推进到观测钻孔位置之前,安排每班观测1次,即1次/8 h;在工作面开采推进过观测钻孔之后,每小时观测1次,即1次/h,必要时可加密为每10 min观测1次,此后又恢复到每班观测1次,直至工作面开采结束。

在观测过程中应当注意,当重锤的位置过高或者过低,超出观测范围时,要调整钢丝卡头(即重锤)的位置,使之处于可以观测读数的最佳位置。

(2) 自动监测

自动监测采用新型的KJ56型位移监控系统,将其位移传感器与观测钻孔孔口装置上悬挂的重锤连接,就可自动监测钢丝悬挂的重锤位移变化,即钻孔内各测点相对孔口地表的位移。位移信号由传感器转化为数值信号,传输到系统主机——控制中心的计算机,再由计算机进行数据处理、存储、输出与显示。观测钻孔孔口观测装置与自动监测系统如图4-6所示。

(a) 观测钻孔孔口观测架

(b) 自动监测系统主要部件

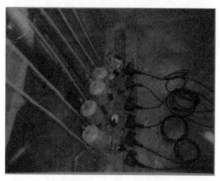

(c) 观测钻孔孔口自动监测系统

(d) 观测钻孔孔口自动监测显示器

图4-6 观测钻孔孔口观测装置与自动监测系统

KJ56型位移监控系统的结构特征如下:系统的控制中心为地面计算机,即系统主机。系统主机通过通信接口与各分站进行数据通信,分站均通过二芯通信线挂接在一起,相互间不联络。系统主机首先要根据分站与传感器的连接端口对分站测点进行定义,定义内容包括分站测点数,测点的端子号、顺序号、模拟量(或开关量)等。该系统维护量比较少,可靠性较高,投资成本低于国内同类产品,具有较好的推广应用前景。

4.2.2 T2294 综放工作面覆岩离层现场观测

4.2.2.1 T2294 综放工作面概况

T2294 综放工作面位于唐山矿 12-13 水平京山铁路煤柱铁二采区,东临首采区,为该采区的首采工作面,其上下方及停采线一侧均未开采,工作面所处位置如图 4-7 所示。

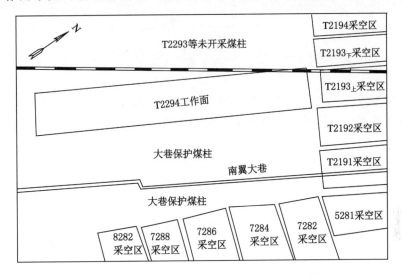

图 4-7 铁二采区 T2294 综放工作面平面位置示意图

(1)工作面开采条件

T2294 综放工作面走向长度 1 195 m,倾斜长度 144 m,属 8-9 煤层合区,煤层平均厚度 10.3 m,平均倾角 14°,平均埋深约为 716 m。地质储量 262.32 万 t,可采储量 209.86 万 t。煤层结构为复合结构,中间有 1～3 层夹石,夹石厚度为 0.1～0.5 m,岩性为灰褐色泥岩。

(2)顶底板情况

T2294 综放工作面基本顶为灰色细中砂岩,厚度 8.6 m,主要成分以石英、长石为主,硅质胶结。直接顶为深灰色粉砂岩,厚度 5.3 m,以粉砂质为主,无伪顶。直接底为灰黑色泥岩,厚度 5.5 m,主要成分为泥质,富含植物根化石。老底为灰黑色粉砂岩,厚度 4.0 m,断口参差状,致密性脆。

(3)主要构造情况

T2294 综放工作面处于大型地质构造鞍部,地质产状多变,但倾角较小,主要断层 1 条,即 F 断层,次要断层 6 条,即 F_1—F_6 断层,其中 F_2、F_5、F_6 断层表现为板断底不断。地质构造产状如表 4-1 所示。

表 4-1 T2294 综放工作面地质构造产状一览表

断层编号	断层性质	落差/m	走向/(°)	倾向/(°)	倾角/(°)	对回采影响程度
F	正	1.5～7.0	175	265	79	影响极大
F_1	正	2.3	80	350	85	影响中等
F_2	正	1.6	98	8	60	影响极小

表 4-1(续)

断层编号	断层性质	落差/m	走向/(°)	倾向/(°)	倾角/(°)	对回采影响程度
F_3	正	2.4	124	214	80	影响中等
F_4	正	1.5	124	214	80	影响较小
F_5	正	0.5	80	170	80	影响极小
F_6	逆	0.5	165	75	33	影响极小

4.2.2.2 T2294 综放工作面覆岩运动现场观测方案设计

（1）观测钻孔平面位置选择

观测钻孔布置在 T2294 综放工作面停采线一端,钻孔至设计停采线的距离为 150 m,在工作面倾斜方向上钻孔至回风巷的距离是 77 m,至运输巷的距离是 67 m,钻孔布置平面图如图 4-8 所示。

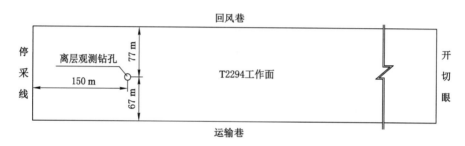

图 4-8 T2294 工作面观测钻孔布置平面图

（2）观测钻孔内观测基点位置确定

覆岩离层观测基点位置的选择,首先要根据煤层覆岩的结构和注浆层位,由观测钻孔的地层柱状图确定需要观测的离层层位;其次要确定观测岩层的垂向范围,考虑铁二采区注浆层位一般在煤层顶板上方 180～300 m 范围内,所以离层观测的岩层范围基本上也选择在这个层位范围,即煤层顶板以上 180～350 m;最后还要考虑岩层的力学性质,应将基点布置在坚硬岩层段中,以使基点固定可靠,否则,若将基点布置在软弱岩层中,则有可能因为岩层的破碎而无法固定。

表 4-2 为观测钻孔施工过程中得到的各地层参数描绘表,根据该表提供的资料,在观测钻孔内选取 6 个覆岩运动观测基点,各基点所在层位如表 4-3 和图 4-9 所示。对照 T2294 综放工作面的钻孔柱状图,观测钻孔位置煤层埋藏深度为 721 m,6 个覆岩运动观测基点均布置在距煤层顶板 177 m 以上的坚硬岩层中。

表 4-2 观测钻孔地层描绘表

层号	孔深/m	层厚/m	岩层名称	岩 性 描 述
	370.35			370.35 m 以上为无芯钻进
1	374.84	4.49	中砂岩	浅灰绿色,成分以石英、长石为主,夹暗色岩屑,孔隙式胶结,岩性坚硬、致密,岩芯完整呈柱状,分选中等,磨圆为次圆状,显水平层理

表 4-2(续)

层号	孔深/m	层厚/m	岩层名称	岩 性 描 述
2	379.49	4.65	粉砂岩	浅灰色,上部岩芯较完整,下部岩芯破碎,具滑面,平坦状断口
3	383.00	3.51	细砂岩	白色,成分以石英、长石为主,夹暗色岩屑,孔隙式胶结,岩性坚硬、致密,岩芯完整呈柱状,分选差,磨圆为次棱角状,显水平层理,层面上夹黑色炭化膜
4	408.55	25.55	中砂岩	灰绿色,成分以石英为主,长石次之,夹暗色岩屑,孔隙式胶结,岩性坚硬、致密,分选中等,磨圆为次圆状,岩芯完整呈柱状,呈条带状层理,局部岩芯破碎,近直立裂隙发育,上部 0.5 m 为浅绿色细砂岩。测点位置 6
5	415.56	7.01	泥岩	紫红色,岩性较细腻,具滑面,含铝土质,岩芯破碎
6	440.86	25.30	粗砂岩	青灰白色,成分以石英为主,长石次之,夹暗色岩屑,孔隙式胶结,岩性坚硬、致密,分选中等,磨圆为次圆状。上部岩芯较破碎,中部岩芯较完整,局部岩芯破碎,近直立裂隙发育。测点位置 5
7	457.37	16.51	粉砂岩	紫红色至青灰色,上部岩芯较破碎,裂隙发育,下部较为完整,性脆,硬度低
8	474.86	17.49	中砂岩	青灰色,成分以石英为主,长石次之,孔隙式胶结,岩芯较完整呈柱状,岩性坚硬、致密,有少量裂隙发育,硬度中等。测点位置 4
9	476.51	1.65	粉砂岩	紫红色至青灰色,岩性脆,较破碎,滑面发育
10	478.61	2.10	细砂岩	青灰色,岩芯完整呈柱状,较坚硬,从上到下岩性逐渐粗糙,下部 0.3 m 为粗砂岩
11	485.13	6.52	粉砂岩	青灰色,岩芯破碎,裂隙发育,具滑面,上部岩性较细腻,下部颗粒渐粗,近细砂岩
12	493.41	8.28	细砂岩	灰色,岩性致密,岩芯完整,成分以石英为主,上部夹 0.5 m 粉砂岩,下部岩性为中砂岩。测点位置 3
13	520.04	26.63	粉砂岩	紫红色至青灰色,全层岩芯破碎呈碎块状,局部岩性细腻为泥岩,滑面和近直立裂隙发育,夹细砂岩薄层
14	524.89	4.85	细砂岩	青灰色,成分以石英、长石为主,岩性致密坚硬,上部岩芯破碎呈块状,近直立裂隙发育。测点位置 2
15	528.74	3.85	粉砂岩	灰黑色,岩芯破碎,见大量植物化石,裂隙发育,面无充填物
16	539.80	11.06	细砂岩	青灰色,岩性较致密、坚硬,局部岩芯破碎呈块状,岩芯缺失严重。测点位置 1
17	542.0	2.20	中砂岩	灰白色,成分以石英、长石为主,暗色岩屑次之,岩性致密、坚硬,分选较好,磨圆为次圆状,岩芯缺失严重

表 4-3　观测钻孔内观测基点位置

基点编号	深度/m	至煤层距离/m	所在岩层岩性、厚度
1 号	530	191	细砂岩,厚 11.06 m,青灰色,岩性较致密、坚硬
2 号	522	199	细砂岩,厚 4.85 m,青灰色,成分以石英、长石为主,岩性致密、坚硬
3 号	490	231	细砂岩,厚 8.28 m,灰色,成分以石英为主,岩性致密
4 号	465	256	中砂岩,厚 17.49 m,青灰色,成分以石英为主、长石次之,岩性致密、坚硬
5 号	430	291	粗砂岩,厚 25.30 m,青灰白色,成分以石英为主、长石次之,岩性致密、坚硬
6 号	395	326	中砂岩,厚 25.55 m,灰绿色,成分以石英为主、长石次之,岩性致密、坚硬

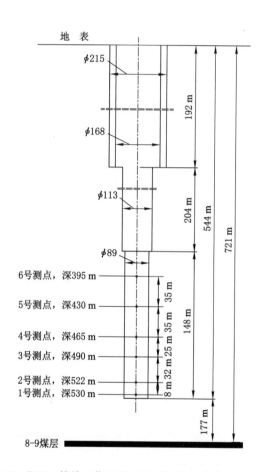

图 4-9　T2294 综放工作面离层观测钻孔内基点位置示意图

4.2.2.3　T2294 综放工作面覆岩运动观测成果

T2294 综放工作面覆岩运动观测钻孔于 2005 年 6 月 30 日开始钻进,至 8 月 16 日施工完成,孔深 544 m,8 月 22 日至 26 日进行钻孔内测点安装。根据观测计划安排,自 2005 年 9 月 24 日 0 时开始对观测钻孔内各观测点动态进行观测测量,此时观测钻孔距工作面 102.74 m,2006 年 2 月底 T2294 综放工作面停采,观测一直持续到 2006 年 5 月底。设开始观测时观测钻孔孔口地面标高为零,钻孔内各测点与钻孔孔口地面相对移动值也为零。

（1）T2294 综放工作面覆岩运动过程

通过对 T2294 综放工作面覆岩运动观测数据进行整理和分析可以得到，2005 年 10 月 6 日 T2294 综放工作面推采到距观测钻孔 60 m 处，此时测得孔口地面下沉了 59 mm，但观测钻孔内各测点相对孔口地面均无下沉，而后到 10 月 12 日 16 时观测到钻孔内最深的 1 号测点首次下沉 1 mm。

2005 年 11 月 20 日 T2294 综放工作面推进至观测钻孔位置处，在此之前，随着工作面推进，工作面距观测钻孔越来越近，1 号测点下沉的次数增多，下沉的幅度增大，下沉的速度加快；以后随着工作面推过观测钻孔且距离观测钻孔越来越远时，1 号测点下沉的次数、下沉的幅度、下沉的速度逐渐减小。

2006 年 2 月底 T2294 综放工作面停采，自 3 月起 1 号测点下沉的次数、下沉的幅度、下沉的速度显著减小，到 2006 年 5 月底趋于稳定。

图 4-10 为观测钻孔内 6 个测点逐月相对孔口地面平均下沉速度曲线图，图 4-11 为观测钻孔内 6 个测点逐月相对孔口地面下沉量变化曲线图。由上述曲线图显示，1 号测点以上的各个测点也陆续出现上述运动过程。

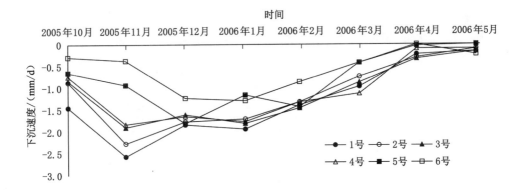

图 4-10　观测钻孔内 6 个测点逐月平均下沉速度曲线图

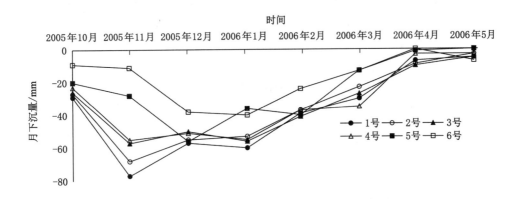

图 4-11　观测钻孔内 6 个测点逐月下沉量变化曲线图

图 4-10 与图 4-11 揭示了采场覆岩运动的规律。各测点的下沉(即工作面覆岩运动)的发生取决于工作面开采位置,观测钻孔内各测点的下沉随着工作面推进到一定距离时开始发生,随着与工作面距离的缩短而发展,然后随着与工作面距离的增大又逐渐减弱,最终因工作面采完而趋于稳定。

(2) T2294 综放工作面覆岩运动与工作面推进度之间的关系

根据观测记录数据进行整理和分析,可以得到 T2294 综放工作面覆岩运动量(即钻孔内 6 个测点下沉量)与工作面推进度逐月统计表,如表 4-4 所示。

表 4-4　T2294 综放工作面覆岩运动观测点下沉量与工作面推进度统计表

时间	各测点相对孔口地面累计下沉量/mm						各月底工作面至钻孔距离/m
	1 号	2 号	3 号	4 号	5 号	6 号	
2005 年 9 月 24 日	0	0	0	0	0	0	−102.7
2005 年 10 月 31 日	29	28	28	24	20	9	−27.5
2005 年 11 月 30 日	106	96	85	79	48	20	+16.8
2005 年 12 月 31 日	163	151	135	130	104	58	+65.1
2006 年 1 月 31 日	223	204	191	185	140	98	+112.5
2006 年 2 月 28 日	262	241	232	222	180	122	+141
2006 年 3 月 31 日	292	264	259	257	193	135	+141
2006 年 4 月 30 日	299	273	269	260	194	135	+141
2006 年 5 月 31 日	304	276	274	263	194	142	+141

观测钻孔内 1 号测点于 2005 年 10 月 12 日开始下沉,此时工作面至钻孔−60 m,2005 年 11 月 20 日工作面采至观测钻孔位置,2006 年 2 月 28 日工作面开采结束。根据表 4-4 的统计结果,可将这一期间 T2294 综放工作面覆岩运动划分为以下 3 个阶段。

第一阶段,自观测钻孔内 1 号测点开始下沉至工作面采到观测钻孔位置时止,即 2005 年 10 月 12 日至 11 月 20 日的 40 天时间,钻孔内各观测点下沉(即覆岩运动)情况:

1 号测点共下沉 12 次,下沉 94 mm,平均下沉速度 2.35 mm/d;

2 号测点共下沉 10 次,下沉 90 mm,平均下沉速度 2.25 mm/d;

3 号测点共下沉 11 次,下沉 78 mm,平均下沉速度 1.95 mm/d;

4 号测点共下沉 11 次,下沉 70 mm,平均下沉速度 1.75 mm/d;

5 号测点共下沉 8 次,下沉 46 mm,平均下沉速度 1.15 mm/d;

6 号测点共下沉 4 次,下沉 18 mm,平均下沉速度 0.45 mm/d。

第二阶段,自工作面采至观测钻孔位置至工作面开采结束止,即 2005 年 11 月 20 日至 2006 年 2 月 28 日的 100 天时间,钻孔内各观测点下沉(即覆岩运动)情况:

1 号测点共下沉 56 次,下沉 168 mm,平均下沉速度 1.68 mm/d;

2 号测点共下沉 52 次,下沉 151 mm,平均下沉速度 1.51 mm/d;

3 号测点共下沉 48 次,下沉 154 mm,平均下沉速度 1.54 mm/d;

4 号测点共下沉 50 次,下沉 152 mm,平均下沉速度 1.52 mm/d;

5 号测点共下沉 48 次,下沉 134 mm,平均下沉速度 1.34 mm/d;

6 号测点共下沉 36 次,下沉 104 mm,平均下沉速度 1.04 mm/d。

第三阶段,工作面开采结束至观测结束止,即 2006 年 2 月 28 日至 5 月 31 日的 92 天时间,各观测点下沉(即覆岩运动)情况:

1 号测点共下沉 10 次,下沉 42 mm,平均下沉速度 0.46 mm/d;

2 号测点共下沉 9 次,下沉 35 mm,平均下沉速度 0.38 mm/d;

3 号测点共下沉 7 次,下沉 42 mm,平均下沉速度 0.46 mm/d;

4 号测点共下沉 13 次,下沉 41 mm,平均下沉速度 0.45 mm/d;

5 号测点共下沉 6 次,下沉 14 mm,平均下沉速度 0.15 mm/d;

6 号测点共下沉 5 次,下沉 20 mm,平均下沉速度 0.22 mm/d。

归纳总结 T2294 综放工作面覆岩运动(通过钻孔内各观测点下沉反映)3 个阶段的情况如下:

第一阶段工作面推采距观测钻孔越来越近,覆岩下部岩层由于距煤层近,首先发生下沉,然后上部岩层逐渐下沉,下部岩层的下沉量和下沉速度都大于上部岩层。

第二阶段工作面推过观测钻孔,且工作面与观测钻孔距离越来越远,覆岩各个岩层下沉量继续增加,但下部岩层平均下沉速度相对第一阶段有所降低,而上部岩层平均下沉速度则比第一阶段加快。

第三阶段工作面开采结束后,转入回撤机电设备和液压支架等工作,工作面停止推进后覆岩各个岩层下沉量显著减小且下沉速度明显降低。

以上分析表明,覆岩运动量(即钻孔内各观测点下沉量)与工作面开采推进度关系密切。随着工作面推采距观测钻孔越来越近,覆岩运动从下部岩层向上部岩层逐步发展,上部岩层发展滞后下部岩层;随着工作面推过观测钻孔,工作面与观测钻孔距离越来越远,下部岩层下沉速度逐渐降低,上部岩层下沉速度加快;当工作面开采结束后,覆岩各岩层下沉量减小且下沉速度降低,并逐渐趋于稳定。

(3) T2294 综放工作面覆岩运动的特点

通过对观测钻孔内 6 个测点观测结果的整理分析,总结出 T2294 综放工作面覆岩运动呈现以下特点:

① T2294 综放工作面覆岩运动呈间断性

T2294 综放工作面覆岩运动观测钻孔内的 6 个观测点所处的岩层为粗、中、细砂岩,抗压强度为 50～90 MPa,岩性较致密坚硬。在 T2294 综放工作面正常开采条件下,各岩层的下沉不是匀速下沉,而是呈现间断性下沉。如 1 号测点首次下沉发生在 2005 年 10 月 12 日 16 时,间隔 10 d 后的 10 月 22 日 16 时才发生第二次下沉,随后 10 月 23 日 8 时又发生第三次下沉,间隔仅 16 h,其他各个测点下沉也出现了类似情形。

② T2294 综放工作面上覆各岩层下沉不同步

由于钻孔内各观测点所处的岩层厚度及岩性的差异,工作面开采对上覆各岩层的影响不同,各岩层的下沉不同步,上部岩层下沉滞后于下部岩层,上部岩层的下沉量也小于下部岩层,呈现由下往上逐步发展的过程。如 1 号测点首次下沉发生在 2005 年 10 月 12 日 16 时,2 号测点和 3 号测点首次下沉发生在 12 d 之后的 10 月 24 日 8 时,4 号测点和 5 号测点首次下沉发生在 8 h 之后的 10 月 24 日 16 时,6 号测点首次下沉则发生在 10 月 31 日 16

时。截至 10 月 31 日 24 时,6 个测点累计下沉量也不相同,分别为 29 mm、28 mm、28 mm、24 mm、20 mm、9 mm,上部岩层下沉量明显小于下部岩层。

③ 覆岩各岩层运动时间和幅度不确定

虽然覆岩各岩层运动总的规律受工作面开采推进所支配,但各岩层运动下沉的具体时间和幅度则因岩层厚度及岩性的不同而出现差异。从各测点下沉观测记录可见,各岩层每次下沉的间隔时间不等,有时相邻两次下沉间隔几天,而有时一天内又会下沉 2~3 次,相邻两次下沉间仅几个小时甚至几十分钟,而每次下沉的幅度也各不相同,有时一次下沉值可达 18 mm,而多数仅为几毫米,甚至仅 1 mm。

(4) 覆岩离层形成与发育的制约因素

由于 T2294 综放工作面覆岩运动具有间断性、不同步和不确定的特点,覆岩中产生了离层。T2294 综放工作面为唐山矿铁二采区的首采工作面,其上下方及停采线一侧煤体均未开采,工作面采宽 144 m,平均采深 716 m,采宽与采深之比仅为 0.20,因此地表属于极不充分采动。而设计覆岩运动观测钻孔位置距工作面停采线较近,且工作面覆岩中存在多个较厚的坚硬岩层,工作面开采后上覆岩层中能够形成多个关键层,阻碍了上部岩层和地表的下沉,造成覆岩离层发育不够充分。

根据 T2294 综放工作面覆岩运动观测数据整理出观测钻孔内 1 号测点以上覆岩段离层量逐月统计表,如表 4-5 所示。

表 4-5　T2294 综放工作面观测钻孔 1 号测点以上覆岩段离层量逐月统计表

时间	相邻测点之间离层量/mm						孔口地面下沉量/mm	1 号测点以上离层量合计/mm
	1-2	2-3	3-4	4-5	5-6	6-地面		
2005 年 10 月 31 日	1	0	4	4	11	9	133	29
2005 年 11 月 30 日	10	11	6	31	28	20	285	106
2005 年 12 月 31 日	12	16	5	26	46	58	320	163
2006 年 1 月 31 日	19	13	4	45	42	98	415	223
2006 年 2 月 28 日	21	9	10	42	58	122	477	262
2006 年 3 月 31 日	28	5	2	64	58	135	513	292
2006 年 4 月 30 日	26	4	9	66	59	135	555	299
2006 年 5 月 31 日	28	2	11	69	52	142	565	304

由表 4-5 可知,工作面停采 3 个月后,观测钻孔孔口地面累计下沉量 565 mm,1-6 号测点之间各岩层仍残留离层空间 304 mm,6 号测点以上的岩层内离层量有 142 mm。这说明,工作面开采引起的覆岩内离层量,受距离煤层远近、覆岩岩性、各观测点之间岩层厚度和岩层沉降压实等因素影响而出现差别,但总的变化趋势是,工作面开采引起覆岩内岩层间产生离层,离层量随着工作面推采靠近观测孔而急剧增加,又随着工作面停采增速逐渐变缓,工作面停采后,覆岩的离层量大部分残留在覆岩的上部岩层中。

图 4-12 和图 4-13 分别为 T2294 综放工作面覆岩运动观测钻孔孔口地面下沉曲线图与下沉速度曲线图。图 4-14 为观测钻孔内 6 个测点相对观测钻孔孔口地面的下沉曲线图,图

中各条下沉曲线对应的纵坐标数值即各测点相对观测钻孔孔口地面的下沉量,而各测点下沉曲线之间的距离则为各测点之间的离层量,测点 6 的下沉曲线对应纵坐标的数值为测点 6 以上岩层中的离层量。

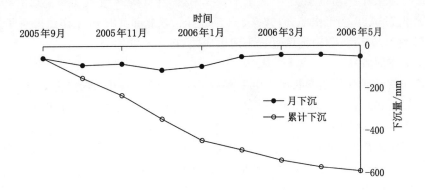

图 4-12　T2294 综放工作面覆岩运动观测钻孔孔口地面下沉曲线图

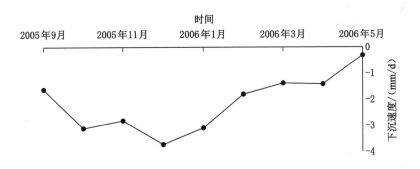

图 4-13　T2294 综放工作面覆岩运动观测钻孔孔口地面下沉速度曲线图

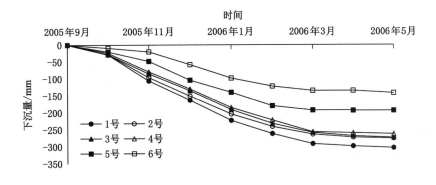

图 4-14　T2294 综放工作面观测钻孔内 6 个测点相对孔口地面下沉曲线图

4.2.3 T2291综放工作面覆岩离层现场观测

4.2.3.1 T2291综放工作面概况

T2291综放工作面位于矿井12水平铁二采区,在T2294综放工作面以北约300 m处,工作面西北邻6198南工作面、6197工作面采空区,东北邻T2195工作面采空区。地面为河北省物资供应站仓库、唐山地区百货采购供应站、将军坨仓库等。

(1)工作面条件

T2291综放工作面走向长度1 062 m,倾斜长度138 m,开采煤层为9煤层,煤层平均厚度10.0 m,平均倾角12°,平均埋深636 m,地质储量185.74万 t,可采储量148.59万 t,第四系冲积层厚度150 m。

(2)顶底板情况

T2291综放工作面基本顶为灰色细砂岩,厚度约14.5 m,泥质胶结,具水平层理,薄层状;直接顶为灰色砂质泥岩,厚度约4 m,主要成分为泥质,含砂质,硅泥质胶结;伪顶为灰色泥岩,厚度约0.5 m,成分为泥质。直接底为深灰色泥岩,厚约4.5 m,主要成分为泥质,泥质胶结;基本底为深灰色砂质泥岩,厚度2.0 m,泥质,含菱铁质结核,水平状分布。

4.2.3.2 T2291综放工作面覆岩运动现场观测方案设计

(1)T2291工作面观测钻孔平面位置

T2291工作面观测钻孔布置在T2291工作面的走向中部,在走向方向距开切眼距离350 m,在工作面倾斜长度的中间,钻孔与回风巷距离69 m,与运输巷距离69 m,如图4-15所示。观测钻孔处的8-9煤层合区的底板标高−633 m,顶板标高−623 m,地表标高+13 m,观测钻孔处8-9煤层合区的煤层埋深636 m。

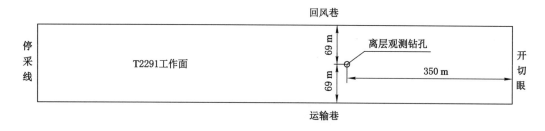

图4-15 T2291综放工作面覆岩运动观测钻孔布置平面图

(2)T2291综放工作面覆岩运动观测钻孔内测点布置

表4-6为T2291综放工作面覆岩柱状表,根据该表中提供的覆岩各岩层岩性、厚度等参数,并考虑实际观测需要与测点安装要求等因素,观测测点层位选择在356～496 m范围内,共布置6个观测测点,由下往上编号为测点1-6,各测点之间的距离为26 m、25 m、25 m、20 m、44 m。测点布置如表4-7和图4-16所示。

表4-6 T2291综放工作面覆岩柱状表(320.32～502 m段)

层号	孔深/m	层厚/m	岩层性质	岩 性 描 述
	320.32			320.32 m以上无芯钻进

表 4-6(续)

层号	孔深/m	层厚/m	岩层性质	岩性描述
1	320.47	0.15	中砂岩	灰白色,成分以石英为主,孔隙式胶结,岩性坚硬、致密,岩芯完整呈柱状
2	321.97	1.50	粉砂岩	红褐色至杂色,岩芯完整呈柱状,岩性致密,较细腻,具水平层理
3	326.74	4.77	中粗砂岩	灰白色,成分以石英、长石为主,夹暗色岩屑,孔隙式胶结,岩性坚硬、致密,岩芯完整呈柱状,分选性中等,磨圆为次圆状,上部为中砂岩,下部为粗砂岩
4	330.69	3.95	粉砂岩	紫红色至青灰色,岩芯破碎,裂隙发育,岩性较致密、性脆,硬度低,显水平层理
5	344.23	13.54	中砂岩	青灰色,成分以石英为主、长石次之,孔隙式胶结,岩性坚硬、致密,分选性中等,磨圆为次圆状,岩芯完整呈柱状,具水平层理
6	351.88	7.65	粉砂岩	青灰色至紫红色,岩性致密,较细腻,岩芯较完整,局部岩芯破碎
7	352.68	0.80	细砂岩	青灰色,成分以石英、长石为主,岩性坚硬、致密,岩芯完整呈柱状
8	360.48	7.80	中粗砂岩	青灰色至灰白色,成分以石英为主、长石次之,孔隙式胶结,岩芯完整呈柱状,岩性坚硬、致密,显水平层理,下部变粗为粗砂岩,分选性中等,磨圆为次圆状。测点6位置
9	373.74	13.26	粉砂岩	紫红色至青灰色,岩芯破碎呈块状,裂隙发育,岩性较细腻,局部夹泥岩薄层
10	374.34	1.60	中砂岩	青灰色,成分以石英为主,岩芯完整呈柱状,岩性坚硬、致密,显水平层理,分选性中等,磨圆为次圆状
11	391.59	17.25	粉砂岩	紫红色至青灰色,岩性较细腻,岩芯破碎呈碎块状,近直立裂隙发育,局部夹泥岩薄层
12	392.49	0.90	细砂岩	灰色,岩性致密,较坚硬,岩芯完整呈柱状,显水平层理,底部0.10 m为粉砂岩
13	404.74	12.25	中粗砂岩	灰白色,成分以石英为主,岩芯完整呈柱状,岩性坚硬、致密,孔隙式胶结,显水平层理,分选性中等,磨圆为次圆状。测点5位置
14	412.08	7.34	粉砂岩	浅灰色,岩芯破碎呈碎块状,裂隙发育
15	429.03	16.95	中粗砂岩	灰白色,成分以石英、长石为主,暗色岩屑次之,岩性致密、坚硬,分选性较好,磨圆为次圆状,岩芯完整呈柱状,局部近直立裂隙发育。测点4位置
16	436.43	7.40	粉砂岩	紫红色至青灰色,岩芯破碎呈碎块状,近直立裂隙发育
17	449.36	12.93	中粗砂岩	灰白色,成分以石英、长石为主,暗色岩屑次之,岩性致密、坚硬,分选性较好,磨圆为次圆状,岩芯完整呈柱状。测点3位置
18	464.25	14.89	粉砂岩	灰黑色,岩芯破碎呈碎块状,显水平层理,近直立裂隙发育,夹数层细砂岩薄层
19	473.72	9.47	中砂岩	灰白色,成分以石英为主,岩性致密、坚硬,岩芯完整呈柱状,分选性较好,磨圆为次圆状,显水平层理,局部岩芯破碎。测点2位置

表 4-6(续)

层号	孔深/m	层厚/m	岩层性质	岩 性 描 述
20	476.87	3.15	粉砂岩	浅灰黑色,岩芯破碎呈碎块状,显水平层理,近直立裂隙发育,夹细砂岩薄层
21	478.47	1.60	粗砂岩	灰白色,成分以石英、长石为主,暗色岩屑次之,岩性致密、坚硬,岩芯完整呈柱状,分选性中等,磨圆为次棱角状,含小砾石,粒径在 5 mm 左右
22	483.76	5.29	细砂岩	青灰色,岩性较致密,岩芯破碎呈块状,岩芯缺失,显条带状外观
23	493.81	10.05	中砂岩	青灰色至灰白色,成分以石英为主,岩性致密、坚硬,岩芯完整呈柱状,分选性中等,磨圆为次圆状,条带状外观,上部较细为细砂岩,下部为中砂岩
24	518.67	24.86	粉砂岩	浅灰黑色,岩芯破碎呈碎块状,显水平层理,近直立裂隙发育,局部夹细砂岩薄层,见大量植物叶化石。测点 1 位置

表 4-7 T2291 综放工作面覆岩运动观测孔内测点位置

测点编号	深度/m	至煤层顶板距离/m	所在岩层厚度、岩性描述
1 号	496	140	粉砂岩,厚 24.86 m,浅灰黑色,岩芯破碎呈碎块状,显水平层理,近直立裂隙发育
2 号	470	166	中砂岩,厚 9.47 m,灰白色,成分以石英为主,岩性致密、坚硬,岩芯完整呈柱状,显水平层理
3 号	445	191	中粗砂岩,厚 12.93 m,灰白色,成分以石英、长石为主,岩性致密、坚硬,岩芯完整呈柱状
4 号	420	216	中粗砂岩,厚 16.95 m,灰白色,成分以石英、长石为主,岩性致密、坚硬,岩芯完整呈柱状,局部近直立裂隙发育
5 号	400	236	中粗砂岩,厚 12.25 m,灰白色,成分以石英为主,岩性致密、坚硬,岩芯完整呈柱状,孔隙式胶结,显水平层理
6 号	356	280	中粗砂岩,厚 7.80 m,青灰色至灰白色,成分以石英为主、长石次之,孔隙式胶结,岩性致密、坚硬,岩芯完整呈柱状,显水平层理

4.2.3.3 T2291 综放工作面覆岩运动观测成果

T2291 综放工作面于 2006 年 10 月投产,2007 年 12 月开采结束。2006 年 10 月 6 日进行覆岩运动观测钻孔施工准备工作,10 月 9 日开始钻进,11 月 16 日完孔,钻孔深度 502 m。地面观测于 2006 年 11 月 7 日开始进行,至 2007 年 10 月 14 日观测结束,历时 11 个多月,观测过程中测量观测钻孔孔口地面标高以及钻孔内各测点相对孔口的深度,以此为基础对 T2291 综放工作面覆岩运动进行分析。

(1) 观测钻孔孔口地面下沉与工作面开采推进度之间的关系

通过对观测资料进行整理分析,得出观测钻孔孔口地面下沉量和下沉速度与钻孔至工作面距离之间的关系(表 4-8),以及观测钻孔孔口地面下沉量和下沉速度与钻孔至工作面距离之间的关系曲线图(图 4-17 与图 4-18)。

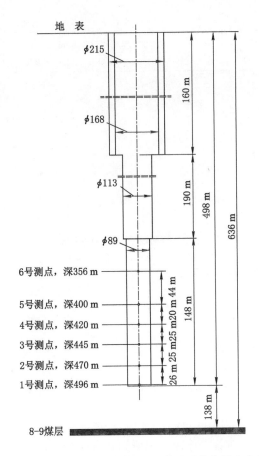

图 4-16 T2291 综放工作面覆岩运动观测孔内测点布置图

表 4-8 观测钻孔孔口地面下沉量和下沉速度与钻孔至工作面距离之间的关系

时 间	钻孔至工作面距离 /m	工作面月进度 /m	孔口地面月下沉量 /mm	孔口地面下沉速度 /(mm/d)
2006 年 11 月 7 日	−290.5	40.0	0	0
2006 年 12 月 31 日	−229.9	60.6	37	0.69
2007 年 1 月 31 日	−153.5	76.4	23	0.74
2007 年 2 月 28 日	−85.0	68.5	27	0.96
2007 年 3 月 31 日	−0.5	84.5	170	5.48
2007 年 4 月 30 日	83.0	83.5	316	10.53
2007 年 5 月 31 日	150.5	67.5	284	9.16
2007 年 6 月 30 日	209.6	59.1	199	6.63
2007 年 7 月 31 日	314.5	104.9	206	6.64
2007 年 8 月 31 日	347.5	33.0	56	1.81
2007 年 9 月 30 日	421.5	74.0	37	1.23
2007 年 10 月 14 日	445.5	24.0	10	0.71

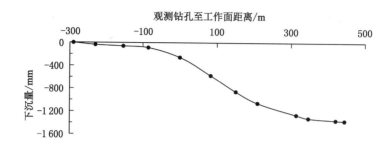

图 4-17　观测钻孔孔口地面下沉量与钻孔至工作面距离之间的关系曲线图

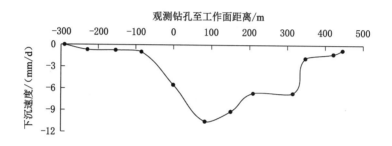

图 4-18　观测钻孔孔口地面下沉速度与钻孔至工作面距离之间的关系曲线图

由表 4-8 和图 4-17、图 4-18 可知,当工作面距观测钻孔距离在 85 m 以上时,孔口地面下沉量及下沉速度均较小;随着工作面向观测钻孔方向开采,当工作面逐渐靠近并采过观测钻孔直至越过观测钻孔 300 m 以内时,孔口地面下沉量及下沉速度逐渐增大并达到最大值;此后随着工作面距离观测钻孔越来越远,孔口地面下沉量及下沉速度又逐渐变小。

（2）T2291 综放工作面覆岩离层发育规律

通过整理 T2291 综放工作面覆岩运动观测钻孔内各测点原始数据,得到各测点相对钻孔孔口地面逐月累计下沉量统计表和下沉量变化曲线图（表 4-9 和图 4-19）,以及各测点逐月下沉量与下沉速度统计表和变化曲线图（表 4-10、图 4-20 与图 4-21）。

表 4-9　观测钻孔内各测点相对孔口地面逐月累计下沉量统计表

时间	观测孔至工作面距离/m	观测孔孔口地面下沉量/mm	观测孔内各测点相对孔口地面累计下沉量/mm					
			1号	2号	3号	4号	5号	6号
2006 年 11 月 30 日	−290.5	0	0	0	0	0	0	0
2006 年 12 月 31 日	−229.9	37	4	3	3	2	2	0
2007 年 1 月 31 日	−153.5	60	9	7	7	6	6	5
2007 年 2 月 28 日	−85.0	87	15	10	9	7	7	6
2007 年 3 月 31 日	−0.5	257	22	18	16	12	10	8
2007 年 4 月 30 日	83.0	573	135	120	107	102	88	31
2007 年 5 月 31 日	150.5	857	268	260	255	255	252	246

表 4-9（续）

时间	观测孔至工作面距离/m	观测孔孔口地面下沉量/mm	观测孔内各测点相对孔口地面累计下沉量/mm					
			1 号	2 号	3 号	4 号	5 号	6 号
2007 年 6 月 30 日	209.6	1 056	623	618	614	607	602	580
2007 年 7 月 31 日	314.5	1 262	636	630	625	620	613	587
2007 年 8 月 31 日	347.5	1 318	640	636	629	625	616	592
2007 年 9 月 30 日	421.5	1 355	643	641	636	633	627	610
2007 年 10 月 14 日	445.5	1 365	644	642	638	634	629	614

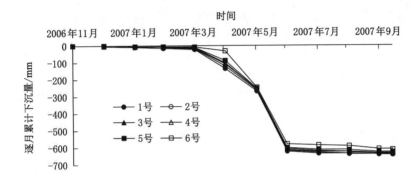

图 4-19　各测点相对孔口地面逐月累计下沉量变化曲线

表 4-10　观测钻孔内各测点逐月下沉量和下沉速度统计表

时间	各测点逐月下沉量/mm						各测点下沉速度/(mm/d)					
	1 号	2 号	3 号	4 号	5 号	6 号	1 号	2 号	3 号	4 号	5 号	6 号
2006 年 11 月 30 日	0	0	0	0	0	0	0	0	0	0	0	0
2006 年 12 月 31 日	4	3	3	2	2	0	0.129	0.097	0.097	0.065	0.065	0
2007 年 1 月 31 日	5	4	4	4	4	5	0.161	0.129	0.129	0.129	0.129	0.161
2007 年 2 月 28 日	6	3	2	1	1	1	0.214	0.107	0.071	0.036	0.036	0.036
2007 年 3 月 31 日	7	8	7	5	3	2	0.226	0.258	0.226	0.161	0.097	0.065
2007 年 4 月 30 日	113	102	91	90	78	23	3.767	3.400	3.033	3.000	2.600	0.767
2007 年 5 月 31 日	133	140	148	153	164	215	4.290	4.516	4.774	5.100	5.290	6.936
2007 年 6 月 30 日	355	358	359	352	350	334	11.833	11.933	11.967	11.733	11.667	11.133
2007 年 7 月 31 日	13	12	11	13	11	7	0.419	0.387	0.355	0.419	0.355	0.226
2007 年 8 月 31 日	4	6	4	5	3	5	0.129	0.194	0.129	0.161	0.097	0.161
2007 年 9 月 30 日	3	5	7	8	11	18	0.100	0.167	0.233	0.267	0.367	0.600
2007 年 10 月 14 日	1	1	2	1	2	4	0.071	0.071	0.143	0.071	0.143	0.286

　　根据表 4-9 至表 4-10 及图 4-19 至图 4-21 可知，T2291 综放工作面覆岩离层发生、发展到停止的全过程可划分为以下 3 个阶段。

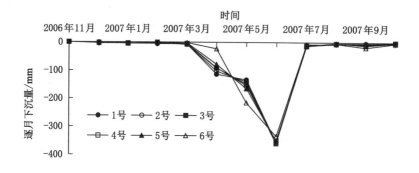

图 4-20　各测点相对孔口地面逐月下沉量变化曲线

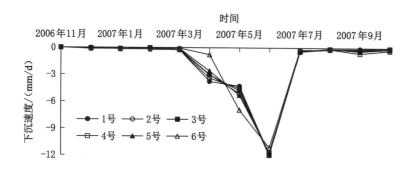

图 4-21　各测点相对孔口地面下沉速度变化曲线

第一阶段为采场覆岩离层发生与缓慢发展阶段,时间为 2006 年 10 月至 2007 年 3 月。在此期间 T2291 综放工作面从开始开采至距观测钻孔 0.5 m。

T2291 综放工作面从开始开采至距观测钻孔 290.5 m 以前时,工作面开采尚未影响到观测钻孔位置,钻孔孔口地面与钻孔内各测点相对孔口地面的下沉量均为 0,覆岩离层尚未发生。

随着 T2291 综放工作面的继续开采推进,工作面至观测钻孔间距在 290.5～0.5 m 之间时,工作面开采造成煤层顶板垮落并向上传递,引起上覆岩层的移动和变形,从而导致孔口地面和钻孔内各测点相继下沉,此时测点下沉量和下沉速度呈缓慢增加状态。如 2006 年 12 月至 2007 年 2 月间孔口地面逐月的下沉量仅为 37 mm(含 12 月以前的下沉量)、23 mm、27 mm,对应的下沉速度为 0.69 mm/d、0.74 mm/d、0.96 mm/d;以观测钻孔内最下面的 1 号测点为例,其相对孔口地面逐月的下沉量仅为 4 mm、5 mm、6 mm,对应的下沉速度为 0.129 mm/d、0.161 mm/d、0.214 mm/d,其他各测点的下沉量和下沉速度均比 1 号测点要小,这表明因工作面开采影响覆岩由下往上而依次产生下沉,各测点下沉值之差即覆岩之间产生的离层值。

到 2007 年 3 月 31 日 T2291 综放工作面推进至距观测钻孔 0.5 m 时,测得孔口地面下沉量 257 mm,其中 3 月下沉量达 170 mm、下沉速度为 5.48 mm/d,这表明工作面从距观测钻孔 85 m 推采逐渐接近观测钻孔位置时,观测钻孔孔口地面下沉速度加快。但钻孔内 1—6

号测点在 3 月相对孔口地面分别只下沉了 7 mm、8 mm、7 mm、5 mm、3 mm、2 mm,下沉速度分别为 0.226 mm/d、0.258 mm/d、0.226 mm/d、0.161 mm/d、0.097 mm/d、0.065 mm/d,这说明钻孔内测点的下沉滞后观测钻孔孔口地面的下沉。

第二阶段为采场覆岩离层发育、急剧发展阶段,时间为 2007 年 4 月至 7 月。在此期间 T2291 综放工作面从距观测钻孔 0.5 m 至推采过观测钻孔 314.5 m,观测钻孔孔口地面及孔内各测点相对孔口地面的下沉量和下沉速度均随着工作面的开采推进呈急速增加状态。观测钻孔孔口地面逐月的下沉量分别为 316 mm、284 mm、199 mm、206 mm,对应的下沉速度分别为 10.53 mm/d、9.16 mm/d、6.63 mm/d、6.64 mm/d,与第一阶段相比增加了 1 个数量级。其中,2007 年 4 月工作面由观测钻孔位置向前推进 83 m 这一期间,钻孔孔口地面下沉量和下沉速度均达到最大值;此时 T2291 工作面覆岩离层观测钻孔内各测点的下沉量和下沉速度也相继达到最大值,只是时间滞后于孔口地面。以最下面的 1 号测点为例,2007 年 4 月至 7 月相对孔口地面逐月的下沉量(即离层量)分别为 113 mm、133 mm、355 mm、13 mm,对应的下沉速度分别为 3.767 mm/d、4.290 mm/d、11.833 mm/d、0.419 mm/d。

2007 年 6 月 T2291 综放工作面由采过观测钻孔 150.5 m 继续向前推进至过观测钻孔 209.6 m 期间,钻孔内 1—6 号测点相对孔口地面月下沉量分别为 355 mm、358 mm、359 mm、352 mm、350 mm、334 mm,对应下沉速度分别为 11.833 mm/d、11.933 mm/d、11.967 mm/d、11.733 mm/d、11.667 mm/d、11.133 mm/d,达到各测点下沉(即离层)的最大值。此阶段采场覆岩离层发育并急剧发展,特别是 6 号测点以上的岩层中也产生了 334 mm 的离层量。

第三阶段为采场覆岩离层减小至逐渐闭合阶段,时间为 2007 年 8 月及以后。此时 T2291 综放工作面推采越过观测钻孔 314.5 m,这一期间随着工作面开采推进离观测钻孔距离逐渐增大,孔口地面及孔内各测点相对孔口地面的下沉量和下沉速度明显减小。

观测结果表明,2007 年 8 月至 10 月 14 日钻孔孔口地面逐月的下沉量分别为 56 mm、37 mm、10 mm,对应的下沉速度分别为 1.81 mm/d、1.23 mm/d、0.71 mm/d,与第二阶段相比下降了 1 个数量级;观测钻孔内各测点相对孔口地面下沉量和下沉速度亦逐渐减小。以最下面的 1 号测点为例,相对孔口地面逐月的下沉量(即离层量)分别为 4 mm、3 mm、1 mm,对应的下沉速度分别为 0.129 mm/d、0.100 mm/d、0.071 mm/d。2007 年 10 月 14 日 T2291 工作面已推采越过观测钻孔 1 365 m,此时孔内 1—6 号测点相对孔口地面的累计下沉量(即离层量)分别为 644 mm、642 mm、638 mm、634 mm、629 mm、614 mm,各测点之间的离层量分别为 2 mm、4 mm、4 mm、5 mm、15 mm,6 号测点以上的岩层中则存在 614 mm 的离层空间,这表明随着工作面的开采推进远离观测钻孔后,覆岩下部岩层中的离层趋于闭合,离层会向上部岩层中发展。

总之,观测钻孔位置覆岩离层的产生、发展及闭合过程是由工作面推采位置决定的,它在工作面推进至距观测钻孔一定距离时开始产生,随着距离的缩短而发展并达到最大值,之后又随着至工作面距离的增大而逐渐减弱,最终因距离太远而逐渐趋于闭合。

4.2.4　覆岩运动与离层发育规律现场观测结论

现场进行的 T2294 和 T2291 两个综放工作面开采覆岩运动与离层动态观测,得到工作面开采引起的覆岩离层产生、发展及闭合的全过程。结果表明,地下煤层开采后,在其上覆软硬相间的岩层中将会产生离层,能够采取地面钻孔对覆岩离层进行注浆以减小地表沉降。通过现场观测得到以下结论。

(1)采场覆岩运动与离层受工作面开采进度影响

工作面开采引起覆岩运动产生离层,离层与工作面的位置密切相关。两个综放工作面观测钻孔内的各测点相对钻孔孔口地面的下沉(即离层产生)在工作面推采一定距离时才会发生,下沉量(即离层量)随着工作面推采靠近观测钻孔而急剧增加,而后又随着工作面远离观测钻孔而减小,直至趋于闭合。这一发展过程为实施覆岩离层注浆减沉开采提出了把握最佳注浆时机的要求。

(2)采场覆岩运动与离层呈现由下向上发展的规律

现场覆岩运动与离层动态实测研究表明,工作面开采造成顶板垮落,并依次向上传递引起覆岩运动和变形,因此,观测钻孔中距离煤层最近的 1 号测点最先产生下沉,而且与 2 号测点之间岩层产生离层,之后随着工作面开采位置的变化和时间的推移,离层由下向上发展,而且离层受岩层厚度和岩性强度等因素影响而出现差别。随着工作面远离观测钻孔覆岩运动逐渐趋于稳定,此时覆岩离层量大部分残留在 6 号测点以上的覆岩中。因此,实施覆岩离层注浆减沉开采时,离层注浆工程必须与覆岩运动和离层发育规律相适应,只有这样才能取得较好的减沉效果。

(3)采场覆岩离层发育程度与采动程度密切相关

现场观测的两个综放工作面地质条件基本相同,其走向长度、倾斜长度、煤层厚度、倾角、埋深和观测钻孔在工作面倾斜方向位置与观测钻孔结构、孔内测点数量以及测点所处的岩层岩性都非常接近。但由于 T2291 综放工作面与 T2294 综放工作面周边开采情况及观测钻孔在工作面走向的位置不同,两个工作面采场覆岩离层发育程度出现差异。T2294 综放工作面仅东面已采,其余 3 面尚未开采,观测钻孔位于距设计停采线 150 m 处;而 T2291 工作面北、东两面已采,只有西、南两面尚未开采,观测钻孔位于距开切眼 350 m 处。根据两个工作面的实测结果,T2294 综放工作面观测钻孔内 1 号测点以上覆岩运动形成的离层量合计为 304 mm,而 T2291 综放工作面观测钻孔内 1 号测点以上覆岩运动形成的离层量合计为 644 mm。由此可见,采动程度对覆岩离层的影响非常密切,采动程度越充分,引起的覆岩运动越强烈,覆岩离层发育就越充分;并且采场地表沉陷幅度与采动程度密切相关,T2294 综放工作面观测钻孔孔口地面下沉 565 mm,而 T2291 综放工作面观测钻孔孔口地面下沉 1 365 mm。覆岩离层发育程度与采动程度密切相关的规律,揭示实施覆岩离层注浆减沉工程时必须依据采动程度做好离层注浆设计,才能取得较好的减沉效果。

4.3 井下钻孔采场覆岩导水断裂带高度观测

唐山煤矿综放开采工作面覆岩导水断裂带高度观测是铁二采区采场覆岩离层注浆减沉工程实验的重要研究内容之一。导水断裂带高度观测可为注浆钻孔设计终孔深度确定提供依据,以防止由于注浆浆液水涌入工作面而发生覆岩涌水危害;同时,观测成果还可用于井田浅部煤层开采时开采上限确定。所以井下钻孔采场覆岩导水断裂带高度观测对唐山煤矿注浆减沉工程实施和开采上限确定都有重要意义。

4.3.1　采场覆岩导水断裂带发育规律

现场实测表明,断裂带内裂缝的形式及分布有一定的规律性,无论是在缓倾斜煤层还是在急倾斜煤层条件下,一般产生垂直或近于垂直岩层层面的裂缝,即断裂(岩层全部断开)和开裂(岩层不全部断开)。岩层断裂和开裂的发生与否及断开程度,除取决于岩层所承受的变形性质和大小外,还与岩层岩性、厚度及空间分布位置有密切关系。靠近垮落带的岩层断裂严重,而远离垮落带的岩层则断裂轻微,如图 4-22 所示。脆性薄层状砂岩会发生断裂,韧性薄层状石灰岩则会发生弯曲缓慢下沉。

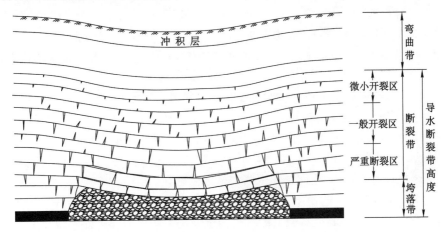

图 4-22　导水断裂带发育规律示意图

采场覆岩断裂带内岩层的破坏状况具有明显的分带性,根据岩层的断裂、开裂及离层的发育程度和导水能力,在垂直方向上可将断裂带分为严重断裂区、一般开裂区和微小开裂区三部分。

严重断裂区内大部分岩层全厚度断开,但各岩层仍然保持原有的沉积层次,裂缝间的连通性能好,漏水严重。井下仰斜钻孔观测时,该区岩层渗流量一般大于 30 L/min。

一般开裂区内各岩层在其全厚度内未断开或很少断开,层次完整,裂缝间的连通性能较好,漏水程度一般。井下仰斜钻孔观测时,该区岩层渗流量一般为 20～30 L/min。

微小开裂区内部分岩层有微小裂缝,基本上不断开,裂缝间的连能性能较差,漏水性微弱。井下仰斜钻孔观测时,渗流量一般小于 10 L/min。

在导水断裂带(包括垮落带)总高度中,垮落带高度约占 1/4,严重断裂区和一般开裂区高度约占 1/2,微小开裂区高度约占 1/4。导水断裂带的这种分布特征,在整个采空区中央部分和边界部分一般都是如此。

导水断裂带内各岩层的另一个特点是,裂缝间的连通性受变形状态的影响。在静态变形状态下,下沉盆地内边缘不均匀下沉区,岩层上、下部的垂直裂缝(拉伸和压缩)与离层裂缝往往彼此连通,连通区的范围大一些;而在下沉盆地中央的均匀下沉区,岩层上、下部的垂直裂缝(断裂)与离层裂缝则是不连通的,连通区的范围小一些。在动态变形状态下,情况则完全相反,即下沉盆地边缘不均匀下沉区岩层上、下部的垂直裂缝(拉伸和压缩)多为不连通的;而下沉盆地中央均匀下沉区岩层上、下部的垂直裂缝(断裂)则多为连通的。以一个倾斜长度 100 m 的工作面为例,在工作面垮落区内,若垮落带上方第一层岩层每 25 m 断裂一次,第二层岩层每 30 m 断裂一次,第三层岩层每 50 m 断裂一次,在顶板岩层内存在含水层的情况下,工作面涌水往往出现在工作面下部,就是这种破坏规律的证明。

4.3.2 井下仰斜钻孔采场覆岩导水断裂带高度观测

4.3.2.1 铁二采区 T2192 综放工作面开采地质条件

唐山矿选择在首采区 T2192 综放工作面进行井下实测采场覆岩导水断裂带高度,T2192 综放工作面位于铁二采区的浅部,铁路煤柱的东南一侧,南邻 T2191 综放工作面采空区,北邻尚未开采的 T2193 综放工作面。T2192 综放工作面走向长度 960 m,倾斜长度 140 m,平均采深 613.5 m,煤层平均厚度 10.14 m,平均倾角 9°,煤体密度 1.48 t/m³,可采储量约为 208.9 万 t。工作面采用综合机械化放顶煤开采法,全部垮落法管理顶板,开采时间为 2003 年 4 月至 2004 年 8 月,平均进尺 2 m/d。

4.3.2.2 井下仰斜钻孔采场覆岩导水断裂带高度观测方法

(1)导水断裂带高度观测方法

根据采区巷道布置情况在工作面周围适当位置施工钻窝,在钻窝内向采空区上方施工仰斜观测钻孔,钻孔要穿透预计的覆岩导水断裂带范围,并进入其上部的弯曲带一定距离,一般取 10 m 左右则可,该钻孔就是导水断裂带观测钻孔,如图 4-23 所示。使用导水断裂带高度观测仪器,自钻孔孔口起由下而上逐段(每测段 1 m)测试各岩层段的导水性能,一直测试到钻孔底部。实测得到的透水岩层的最大高度就是采场覆岩导水断裂带高度。

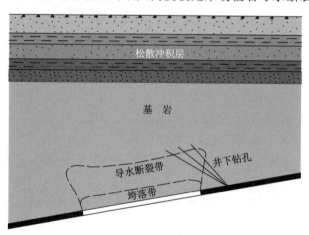

图 4-23 井下仰斜钻孔导水断裂带高度观测示意图

(2)导水断裂带高度观测仪器

导水断裂带高度观测仪器主要由双端堵水器、连接管路和操作控制台 3 部分组成。双端堵水器是核心部件,它由两个起胀胶囊和注水探管组成,如图 4-24 所示。连接管路有起胀管路和注水管路两条,操作控制台也有起胀控制台和注水控制台两个。起胀控制台、起胀管路和双端堵水器的两个胶囊相连通,构成控制胶囊膨胀和收缩的起胀控制系统;注水控制台、注水管路和双端堵水器的注水探管相连通,构成控制和观测岩层导水性能的注水观测系统,如图 4-25 所示。

图 4-24　双端堵水器结构示意图

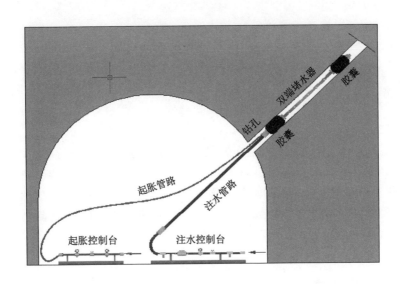

图 4-25　井下采场覆岩导水断裂带高度观测系统图

为了保证观测结果的可靠性,针对以往观测中遇到的技术问题,本次观测时对观测系统进行了改进。注水控制台与起胀控制台各增加一对过滤器,以避免仪表堵塞而影响测试;起胀胶囊使用优质高强度胶囊,保证在额定压力下不破裂;起胀胶管使用高强度的钢编管,避免拉断、磨断和挤裂;所有连接管件使用标准件,管件间采用 O 形圈进行密封,防止水和气两套系统泄漏;双端堵水器的两个起胀胶囊之间采用外连接方式,使仪器结构大为简化,性能更加可靠。

（3）导水断裂带高度观测操作步骤

① 在覆岩导水断裂带高度观测钻孔施工完毕后,使用钻机钻杆(或人力推动推杆)将胶囊处于无压收缩状态的双端堵水器推移到钻孔内设计位置;② 操作起胀控制台,对双端堵水器的两个胶囊注气加压,使之处于承压膨胀状态,封堵两个胶囊之间的一段钻孔;③ 操作注水控制台,对封堵孔段进行注水,通过注水控制台上的注水流量表,观测该测段岩层单位时间的注水渗流量,从而测试出该段岩层的渗水性能;④ 将双端堵水器推移到下一测段,重复相同的操作,测试出该段岩层的渗水性能;⑤ 以此类推,直至测试出整个钻孔段岩层的渗水性能。

4.3.2.3　井下仰斜钻孔采场覆岩导水断裂带高度观测方案设计

（1）采场覆岩导水断裂带高度预计

导水断裂带高度预计是进行观测设计的依据,只有准确预计垮落带和导水断裂带高度,才能使观测结果更加真实可靠。导水断裂带和垮落带的发育高度主要取决于开采地质条件、覆岩地层结构以及岩层力学性质等。唐山煤矿 T2192 综放工作面覆岩属于中硬岩层，开采煤层平均厚度 10.14 m，根据近 20 个矿井的实际观测经验和开滦矿区的地层结构状况，T2192 综放工作面开采后的垮落带高度与导水断裂带高度预计如下。

导水断裂带高度上限：$H_{导上}=15M=15\times10=150$（m）；

导水断裂带高度下限：$H_{导下}=10M=10\times10=100$（m）；

垮落带高度：$H_{垮}=3M=3\times10=30$（m）。

（2）观测钻窝位置选择与观测钻孔布置

观测钻窝位置选择至关重要，钻窝位置至开采边界之间必须有一定的距离，以保证仰斜钻孔不穿过覆岩垮落带，同时有合适的仰角便于钻孔施工；钻窝位置的层位标高尽量高，因为 T2192 综放工作面开采煤层厚度较厚，采场覆岩导水断裂带高度较大，观测钻孔太长，钻窝位置的层位提高可有利于缩短观测钻孔长度；钻窝位置与设计钻孔参数应保证能够观测到覆岩导水断裂带马鞍形顶部。

根据 T2192 综放工作面已有巷道布置状况，设计在停采线上方 5 煤层的巷道内布置钻窝，向 T2192 综放工作面采空区上方施工仰斜钻孔，采用井下导水断裂带高度观测仪器观测覆岩导水断裂带的高度。观测钻窝位置选在 T2192 工作面的停采线一侧，这主要是考虑停采线一侧开采结束时间较短，工作面边缘区覆岩导水断裂带原始状态保持较好。本次观测共设计一个观测剖面，两个覆岩导水断裂带高度观测钻孔，钻孔参数如表 4-11 所示。

表 4-11 T2192 综放工作面导水断裂带高度观测钻孔参数

孔号	钻孔倾角/(°)	钻孔长度/m	钻孔方位	孔径/mm
1 号	40	170	N145°W	89
2 号	36	180	N145°W	89

（3）导水断裂带高度观测时间选择

选择合理的覆岩导水断裂带高度观测时间，要考虑覆岩岩性、采后间隔时间等因素。当覆岩岩性为中硬时，导水断裂带高度观测的最佳时间是开采后 2～3 个月；当覆岩岩性为软弱时，观测的最佳时间是开采后 10～30 d。如观测时间距采后间隔时间过短，采场覆岩变形尚未稳定，施工钻孔难以成型，且观测时因钻孔变形容易卡住双端堵水器；如观测时间距采后间隔时间过长，覆岩会逐渐压实，覆岩导水断裂带高度会降低。

4.3.2.4 井下仰斜钻孔采场覆岩导水断裂带高度观测成果

唐山煤矿 T2192 综放工作面采场覆岩导水断裂带高度观测时间是 2006 年 8—9 月。根据观测方案设计，共施工观测钻孔 2 个，其中，1 号钻孔由于岩层坚硬，150 型钻机能力不足，钻孔实际钻进长度为 125 m，未能钻进到设计深度，故观测范围是孔深 90～125 m 的岩层段。2 号钻孔施工时换成了 300 型钻机，但也仅钻进 172.5 m，仍没能施工到钻孔设计深度，原因是 300 型钻机能力仍然不够。

（1）1 号钻孔导水断裂带高度观测成果

1 号钻孔导水断裂带高度观测成果如图 4-26 和表 4-12 所示。

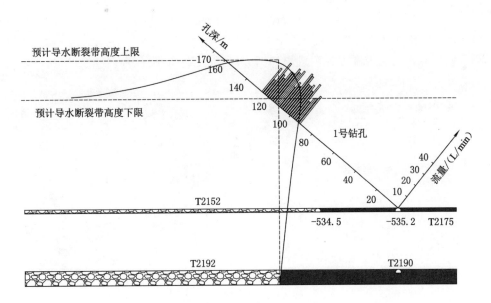

图 4-26　T2192 综放工作面 1 号钻孔导水断裂带高度观测成果图

表 4-12　T2192 综放工作面 1 号钻孔导水断裂带高度观测成果表

序号	孔深/m	测点静压 /MPa	岩层渗流量 /(L/min)	序号	孔深/m	测点静压 /MPa	岩层渗流量 /(L/min)
1	90	0.65	24	13	108.5	0.80	22
2	91.5	0.65	21	14	110	0.81	17
3	93.5	0.67	20	15	111.5	0.83	30
4	95	0.70	16	16	113	0.83	27
5	96.5	0.72	30	17	114.5	0.83	29
6	98	0.74	18	18	116	0.85	24
7	99.5	0.75	27	19	117.5	0.85	24
8	101	0.76	25	20	119	0.84	12
9	102.5	0.79	25	21	120.5	0.86	19
10	104	0.80	31	22	122	0.95	28
11	105.5	0.79	32	23	123.5	0.95	12
12	107	0.80	20	24	125	0.95	16

　　根据上述观测结果,可以看出 1 号钻孔的观测段岩层全部处于导水断裂带范围内,受钻机能力制约未能钻进至设计深度,故未能观测到覆岩导水断裂带高度的上限。因此,可以推测覆岩导水断裂带高度为:

$$H_1 > 37 + 125 \times \sin 40°$$

式中,H_1 为覆岩导水断裂带高度,m;37 m 为观测钻窝处 5 煤层与 8-9 煤层合区的间距;125 m 为 1 号钻孔的实际观测深度;40° 为 1 号钻孔的仰角。

　　由上式计算可得:

$$H_1 > 117.3 \text{ m}$$

（2）2号钻孔导水断裂带高度观测成果

2号钻孔导水断裂带高度观测成果如图4-27和表4-13所示。

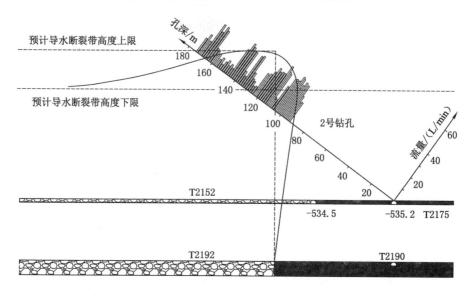

图4-27　T2192综放工作面2号钻孔导水断裂带高度观测成果图

表4-13　T2192综放工作面2号钻孔导水断裂带高度观测成果表

序号	孔深/m	测点静压/MPa	岩层渗流量/(L/min)	序号	孔深/m	测点静压/MPa	岩层渗流量/(L/min)
1	92		16	31	127.5		8
2	93		15	32	129		9
3	94		20	33	130.5		13
4	95		28	34	132		26
5	96		24	35	133.5		25
6	97		29	36	135		7
7	98	0.62	26	37	136.5		10
8	99		23	38	138		20
9	100		30	39	139.5		20
10	101		31	40	141		22
11	102		27	41	142.5		24
12	103		26	42	144		18
13	104		27	43	145.5		6
14	105		26	44	147		8
15	106.5		14	45	148.5		6
16	108		7	46	150		9
17	109		8	47	151.5		7

表 4-13(续)

序号	孔深/m	测点静压/MPa	岩层渗流量/(L/min)	序号	孔深/m	测点静压/MPa	岩层渗流量/(L/min)
18	110	0.7	27	48	153		4
19	111	0.73	28	49	154.5		8
20	112	0.73	32	50	156		6
21	113.5	0.74	25	51	158		9
22	115	0.75	25	52	160		10
23	116.5	0.75	24	53	161.5		11
24	118		26	54	163		20
25	119.5		22	55	164.5		22
26	121		19	56	166		17
27	122		17	57	167.5		22
28	123		18	58	169		12
29	124.5		6	59	171		16
30	126		5	60	172.5		12

分析 2 号钻孔的观测数据,可以看出该钻孔的观测段岩层仍然全部处于导水断裂带范围内,受钻机能力制约未能钻进至设计深度,故未能观测到覆岩导水断裂带高度的上限。因此,可以推测覆岩导水断裂带高度为:

$$H_2 > 37 + 172.5 \times \sin 36° = 37 + 101.4 = 138.4 \text{（m）}$$

T2192 综放工作面煤层平均厚度为 10.14 m,综合两个井下钻孔的实测资料,可以判定该工作面覆岩导水断裂带高度与采高比为:

$$H_{li}/M > 138.4/10.14 = 13.6$$

即 T2192 综放工作面覆岩导水断裂带高度大于采高的 13.6 倍。

4.3.3　地面钻孔采场覆岩导水断裂带高度观测

为了准确测定唐山矿首采区综放工作面的覆岩导水断裂带高度,在井下仰斜钻孔实测覆岩导水断裂带高度的基础上,又在与首采区相邻的铁二采区 T2291 综放工作面进行地面钻孔观测采后覆岩导水断裂带发育高度,为设计注浆钻孔合理终孔深度并确保覆岩离层注浆浆液水不会进入采场提供可靠依据。

4.3.3.1　T2291 综放工作面地质开采条件

T2291 综放工作面位于矿井 12 水平铁二采区,工作面西北邻 6198 工作面与 6197 工作面采空区,东北邻 T2195 工作面采空区,南邻未采区。工作面走向长度 1 062 m,倾斜长度 138 m,煤层平均厚度 10.0 m,煤层平均倾角 12°,煤层平均埋深 636 m,地质储量 185.74 万 t,可采储量 148.59 万 t。

4.3.3.2　地面实测覆岩导水断裂带高度观测钻孔设计

观测钻孔布置在 T2291 工作面倾斜方向的中部,在工作面走向方向观测钻孔距开切眼的距离为 350 m,在工作面倾斜方向观测钻孔与回风巷的距离是 69 m,与运输巷的距离是

69 m,如图 4-28 所示。观测钻孔处,9 煤层的底板标高是－633,顶板标高为－623,地表标高＋13,则该观测钻孔处 9 煤层的埋深为 636 m。

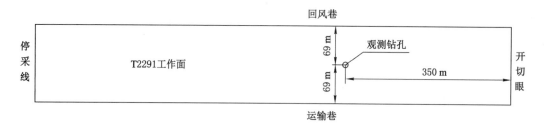

图 4-28　T2291 工作面导水断裂带高度地面观测钻孔布置平面图

4.3.3.3　地面实测覆岩导水断裂带高度观测方法

通过地面钻孔观测覆岩导水断裂带高度的方法有两种:一种是根据观测钻孔钻进过程中钻孔内冲洗液水位变化来确定覆岩导水断裂带的位置,当钻孔内稳定的冲洗液由存水突变到无水时,即可判定此处为工作面覆岩导水断裂带高度上限位置;另一种方法是采用导水断裂带高度观测仪来测定覆岩导水断裂带高度,根据预计的导水断裂带发育高度,在钻孔钻进至此预计高度之上后每 2 m 进行一次岩层的导水性能测试,将实测到的导水性强的位置判定为采场覆岩导水断裂带发育高度。

4.3.3.4　地面实测覆岩导水断裂带高度观测成果

2007 年 11 月 26 日至 12 月 9 日期间,唐山矿施工地面实测覆岩导水断裂带高度钻孔,施工过程中同时进行钻孔冲洗液消耗量测试,该项测试完毕后又采用导水断裂带高度观测仪(以下简称导高观测仪)测定覆岩导水断裂带高度。

(1) 钻孔冲洗液消耗量观测成果

采用观测钻孔钻进过程中冲洗液消耗量突变的观测方法时,观测到从钻孔孔深 475 m 处延深至 480 m 的钻进过程中,观测钻孔内稳定的冲洗液存水突变到无水,因此,可判定孔深 475 m 处为工作面覆岩导水断裂带上限,该位置的标高为 13 m－475 m＝－462 m,观测成果如图 4-29 所示。

T2291 综放工作面导水断裂带观测钻孔处煤层的底板标高是－633 m,顶板标高为－623 m,因此可计算出该工作面覆岩导水断裂带高度:

$$H_{li} = 623 － 462 = 161（m）$$

覆岩导水断裂带高度 H_{li} 与采高 M 的比值为 161 m/10.0 m＝16.1。

(2) 导高观测仪观测成果

利用导高观测仪观测覆岩导水断裂带高度时,从观测钻孔深度 420 m 处起由上而下逐段(每段 2 m)测试各段岩层的导水性能,一直测试到钻孔底部,实测到的透水岩层的最大高度即采场覆岩的导水断裂带高度,导高观测仪控制台如图 4-30 所示。

用导高观测仪观测覆岩导水断裂带高度时操作步骤如下:首先操作起胀控制台,使探头的两个胶囊处于无压收缩状态,利用钻机钻杆(或使用推杆人力推动)将探头推移到预计观测位置;再操作起胀控制台,对探头的两个胶囊注气加压,使之处于承压膨胀状态,从而封堵分隔一段观测钻孔;最后操作注水控制台,对分隔出的一段钻孔岩层进行注水观测,通过注

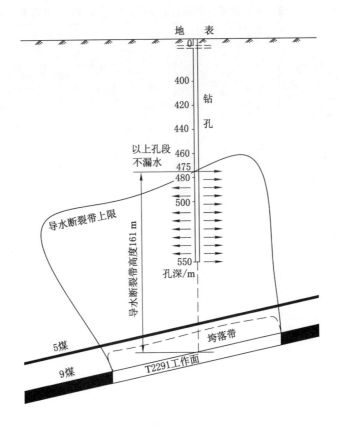

图 4-29　T2291 综放工作面钻孔冲洗液消耗量观测成果图

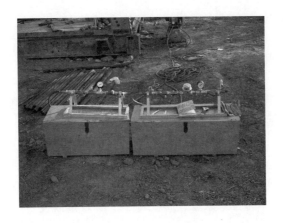

图 4-30　导高观测仪控制台

水控制台上的流量计观测该段岩层单位时间内的注水渗流量,从而测试出该段岩层的透水性能。

采用导高观测仪观测得到的覆岩导水断裂带高度成果见表 4-14,其成果图如图 4-31 所示。

表 4-14　T2291 综放工作面采用导高观测仪实测的覆岩导水断裂带高度成果表

序号	孔深/m	岩层渗流量/(L/min)	序号	孔深/m	岩层渗流量/(L/min)
1	420	15	20	458	23
2	422	19	21	460	24
3	424	17	22	462	21
4	426	19	23	464	21
5	428	20	24	466	23
6	430	24	25	468	25
7	432	16	26	470	30
8	434	19	27	472	30
9	436	21	28	474	30
10	438	22	29	476	31
11	440	22	30	478	32
12	442	22	31	480	35
13	444	22	32	482	38
14	446	23	33	484	40
15	448	23	34	486	36
16	450	22	35	488	30
17	452	22	36	490	30
18	454	21	37	492	29
19	456	18			

根据导高观测仪测试的钻孔各段岩层的渗透性成果,可以判断 T2291 工作面采场覆岩导水断裂带发育高度的上限在观测钻孔深度 468 m 处,该位置的标高为 13 m－468 m＝－455 m,因此得到 T2291 综放工作面采场覆岩导水断裂带高度:

$$H_{li} = 623 - 455 = 168 \ (m)$$

即 T2291 综放工作面采场覆岩导水断裂带高度 H_{li} 与采高 M 的比值为 16.8。

4.3.3.5　地面实测覆岩导水断裂带高度观测成果分析

利用地面钻孔冲洗液消耗量方法观测得到的 T2291 综放工作面覆岩导水断裂带高度为 161 m,它是采高的 16.1 倍;利用导高观测仪观测得到的覆岩导水断裂带高度为 168 m,它是采高的 16.8 倍。这两组数值十分接近,为安全起见,取地面钻孔覆岩导水断裂带高度观测成果二者的较大值作为首采区综放面覆岩导水断裂带高度,即覆岩导水断裂带高度是采高的 16.8 倍是合适的。

分析首采区地质钻孔柱状图可知,在覆岩导水断裂带高度以上有 4 层黏土层和 1 层砂质黏土岩,由上至下厚度分别为 12.42 m、3.71 m、8.44 m、7.53 m 和 5.71 m,厚层黏土岩具有良好的阻隔水能力,同时考虑首采区 8-9 煤层合区厚度较大,因此覆岩导水断裂带以上保护层厚度可取 8-9 煤层合区厚度的 3 倍。

据此设计注浆钻孔终孔深度应在覆岩导水断裂带高度加上保护层厚度以上,即设计注浆钻孔孔底距煤层顶板的防水安全岩柱的高度为:

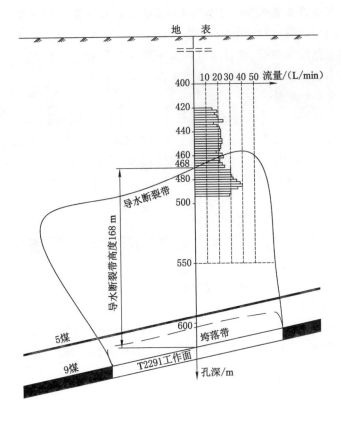

图 4-31 T2291 综放工作面采用导高观测仪实测的覆岩导水断裂带高度成果图

$$H_{sh} = H_{li} + H_b = 16.8 \times 10 + 3 \times 10 = 198 \text{ m}$$

式中　H_{sh}——防水安全岩柱的高度,m;

　　　H_{li}——导水断裂带的高度,m,取 $H_{li} = 16.8 \times 10 \text{ m} = 168 \text{ m}$;

　　　H_b——保护层的厚度,m,取 $H_b = 3 \times 10 \text{ m} = 30 \text{ m}$。

在确定防水安全岩柱高度时需要引起注意的是,应该考虑地质变化因素,如综放工作面所处的地质构造单元存在断层,而地表注浆钻孔又正好施工在断层附近时,注浆浆液水就有可能通过断层渗入井下工作面,渗入量的大小和断层的导水性能强弱有关。

4.3.3.6　首采区防水安全岩柱高度的可靠性验证

为验证以上预计的注浆钻孔终孔深度的可靠性,唐山矿在首采区开采过程中通过水文地质工作进行了验证。

(1) 连通实验

在覆岩离层注浆浆液中加入示踪剂,通过观测工作面涌水中有无示踪剂来判断浆液水与井下综放工作面是否连通。实验结果表明,按以上公式设计的注浆钻孔终孔深度,在注浆减沉综放开采过程中工作面均未发现示踪剂,从而有力地证明了防水安全岩柱高度 H_{sh} 选取的准确性,能够确保注浆浆液水不会下渗到综放工作面而影响井下作业环境,也不会危及矿井安全生产。

(2) 水质检测

为了观测注浆浆液水是否渗入综放工作面,唐山矿在首采区综放工作面注浆减沉开采期间,定期取工作面水样进行检测,分析其中 Na^+、Ca^{2+}、Mg^{2+}、NH_4^+、Cl^-、SO_4^{2-} 等离子含量的变化。水质检测结果表明,在首采区综放工作面注浆减沉开采期间,工作面涌水中各种离子的含量没有出现波动,说明注浆浆液水未渗入综放工作面。

（3）工作面涌水量测量

唐山矿在首采区综放工作面注浆减沉开采期间,定期对工作面涌水量进行测量,统计分析表明上述设计的防水安全岩柱高度使各工作面涌水量不受覆岩离层注浆的影响,工作面掘进、回采期间的涌水量无明显变化,覆岩离层注浆对工作面不会造成水害威胁。

通过以上 3 种方法进行的验证结果表明,按以上防水安全岩柱高度设计的首采区注浆钻孔终孔深度是安全可靠的。

4.4 采场覆岩运动与离层发育规律钻孔数字全景摄像观测

为深入进行采场覆岩运动与离层规律研究,更直观地了解地下深处的岩层经历开采后产生的变化,开滦唐山矿专门委托中国科学院武汉岩土力学研究所对 T2291 综放工作面覆岩运动与离层观测钻孔进行了数字全景钻孔摄像,通过在 T2291 综放工作面开采前、后对观测钻孔两次摄像对比分析,研究采场覆岩运动与离层变化规律。

4.4.1 钻孔数字全景摄像系统简介

钻孔数字全景摄像系统由中国科学院武汉岩土力学研究所自主开发研制完成,是一套全新的先进智能型勘探设备。它集电子技术、视频技术、数字技术和计算机应用技术于一体,从侧视角度对钻孔内孔壁状况进行无扰动的原位摄像记录并加以分析研究,通过直接对孔壁情况进行勘探研究,可观测钻孔中岩层的地质特征和细微变化,对岩石的颜色、组成、颗粒结构、形态等进行分辨,观察断层、裂隙、节理、破碎带、岩脉等地质构造状态与产状等;通过对全孔孔壁摄像,给出全景图像和虚拟岩芯图,并进行相应的分析。

4.4.1.1 钻孔数字全景摄像系统结构

钻孔数字全景摄像系统的总体结构如图 4-32 所示,它由硬件和软件两大部分组成。

（1）钻孔数字全景摄像系统硬件部分

系统硬件部分由全景摄像探头、图像捕获卡、深度脉冲发生器、计算机、录像机、监视器、绞车及专用电缆等组成。

全景摄像探头是该系统的关键设备,它的内部包含可获得全景图像的锥面反射镜、提供探测照明的光源、用于定位的磁性罗盘以及微型 CCD 传感器。全景摄像探头采用了高压密封技术,因此,它可以在水中进行探测。

深度脉冲发生器是该系统的定位设备之一,它由测量轮、光电转角编码器、深度信号采集板以及接口板组成。它有两个作用:一是确定探头的准确位置即深度的数字量;二是对系统进行自动探测的控制。

（2）钻孔数字全景摄像系统软件部分

系统软件部分主要用于室内处理分析,对来源于实时监视系统的图像数据进行室内的统计分析以及结果输出,计算结构面产状、裂隙宽度等,对探测结果进行统计分析,并建立数

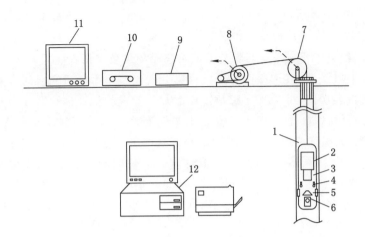

1—全景摄像探头;2—磁性罗盘;3—锥面反射镜;4—光源;5—镜头;

6—CCD 传感器;7—深度测量轮;8—绞车;9—深度脉冲发生器;10—磁带录像机;

11—视频监视器;12—计算机和打印机。

图 4-32　钻孔数字全景摄像系统结构示意图

据库;优化还原变换算法,保证探测的精度,具有单帧和连续播放能力;能够对图像进行处理与无缝拼接,形成三维钻孔岩芯图和平面展开图。

软件系统提供了一种先进的分析方法来处理数字图像数据并获取相关的工程参数,这些结果(如深度、方位、裂隙的位置和几何特征等)都表示在平面展开图上,整个分析也都在该图上进行,结果也可以存入数据库,供将来进一步分析使用。

4.4.1.2　钻孔数字全景摄像工作流程

钻孔数字全景摄像工作流程分为 3 个阶段。

(1) 准备工作阶段

包括平整场地,安放绞车,设备连接,数字全景摄像探头进入钻孔,设定初始化等。

(2) 钻孔数字全景摄像阶段

先将摄像光源照明孔壁上的摄像区域,孔壁图像经锥面反射镜变换后形成全景图像,全景图像与罗盘方位图像一并进入摄像机。然后将摄像头摄取的图像数据流由专用电缆传输至位于地面的视频分配器中,进入录像机保存。再通过位于绞车上的测量轮电子脉冲实时测量探头所处的位置,并通过接口板将深度值置于计算机内的专用端口中,叠加到全景图像中并保存。将探头逐次下降重复以上过程,直至整个钻孔测试过程结束。

(3) 室内分析阶段

把现场钻孔数字全景摄像获得的资料运用计算机软件进行分析处理,计算节理裂隙的产状、宽度和位置,建立数据库;并对图像进行处理、无缝拼接,形成三维钻孔岩芯图和平面展开图,并进行相应的分析。

应用钻孔数字全景摄像技术对孔壁进行摄像,可直观得到钻孔中岩层的地质特征和岩石的颜色、组成、颗粒结构、形态等,细微观察断层、裂隙、节理、破碎带、岩脉等地质构造状态与产状等。在 T2291 综放工作面开采前、后分别进行钻孔数字全景摄像,获得丰富的第一手资料,通过开采前、后摄像对比分析,深化了采场覆岩运动规律的研究。

4.4.2 T2291 综放工作面采前观测钻孔数字全景摄像

4.4.2.1 T2291 综放工作面采前观测钻孔数字全景摄像典型图像

2006 年 11 月 21 日至 11 月 23 日,中国科学院武汉岩土力学研究所的专家携带钻孔数字全景摄像系统进入矿区,对 T2291 综放工作面开采前观测钻孔进行数字全景摄像。观测孔深 502 m,根据原计划自孔深 199.65 m 处开始进行数字全景摄像直至孔底,由于在孔深 414.05 m 处塌孔(因摄像要求孔内未下护壁套管),摄像探头无法下放到孔底,故实际钻孔数字全景摄像范围为 199.65～414.05 m,累计测试段长度为 214.40 m。在观测钻孔数字全景摄像现场工作完成后,通过后处理软件对现场采集的原始摄像资料进行了细致的分析处理,完成了钻孔孔壁数字全景展开图。图 4-33 为 T2291 综放工作面开采前观测钻孔部分测段的数字全景摄像图像(图中左为孔壁展开图,右为三维柱状图)。

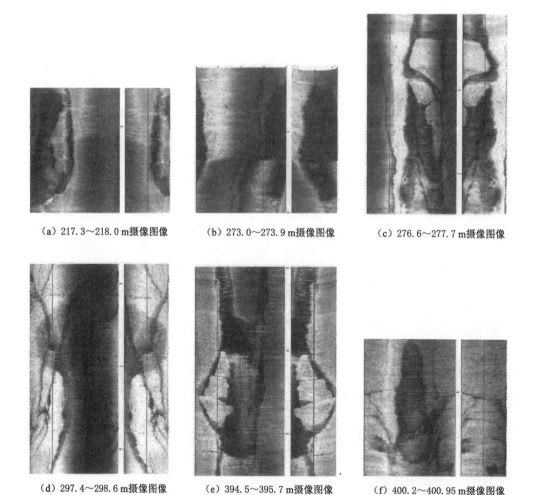

(a) 217.3～218.0 m 摄像图像　　(b) 273.0～273.9 m 摄像图像　　(c) 276.6～277.7 m 摄像图像

(d) 297.4～298.6 m 摄像图像　　(e) 394.5～395.7 m 摄像图像　　(f) 400.2～400.95 m 摄像图像

图 4-33　T2291 综放工作面采前观测钻孔部分测段数字全景摄像典型图像

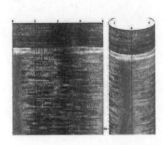

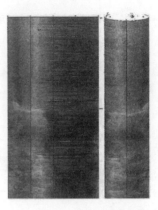

（g）221.2～221.8 m摄像图像　　（h）324.0～324.5 m摄像图像　　（i）357.0～358.0 m摄像图像

图 4-33（续）

由 T2291 综放工作面采前钻孔数字全景摄像提供的岩体结构信息,可归纳为两种类型岩石图像。一类为开放型裂隙,该类型裂隙中未见充填物质,也可能是充填物质为非胶结物,在钻孔钻进或洗孔过程中随水流走所致。图 4-33 中,图 4-33（a）反映端部岩石破碎脱落;图 4-33（b）反映 NE 向裂隙发育,宽度较大;图 4-33（c）反映裂隙近垂直,部分溶蚀;图 4-33（d）反映近垂直 NW 和 SE 向 X 形剪裂隙交错;图 4-33（e）反映岩体破碎;图 4-33（f）反映 SW 和 NE 向 X 形剪裂隙交错,中间有掉块。另一类为闭合型裂隙,如图 4-33（g）至图 4-33（i）所示。

4.4.2.2　T2291 综放工作面采前观测钻孔数字全景摄像段裂隙统计

通过对 T2291 综放工作面采前观测钻孔数字全景摄像段图像分析,在总长度 214.40 m全景摄像段中共发现 136 条裂隙,各裂隙产状如表 4-15 所示。

表 4-15　T2291 综放工作面采前观测钻孔数字全景摄像段裂隙产状

编号	深度 H/m	观测区段/m	裂隙产状	裂隙宽度/mm		备注
				最小	最大	
1	200.40	199.80～200.60	S27°E∠73°	0	9.6	未贯通,见于北东面
2	200.91	200.85～201.20	N84°W∠36°	0	15.0	见于东北面
3	201.90	201.80～202.60	无法判明	黄斑岩石,有小孔,44.0 左右		见于东南面
4	202.27	201.80～202.60	N84°E∠4°	0	12.3	东南面闭合
5	202.48	201.80～202.60	N14°E∠10°	0	13.2	
6	202.90～203.40	202.80～203.50	无法判明	厚约50.0		黄斑岩石,见于北面
7	203.98	203.90～204.30	N30°W∠15°	0	5.4	
8	204.13	203.90～204.30	N70°W∠15°	2.0	6.5	
9	204.17	203.90～204.30	N87°W∠15°	2.2	6.5	
10	206.53	206.40～207.50	N20°E∠24°	0.5	3.0	
11	206.60～207.40	206.40～207.50	无法判明	厚约80.0		斑状条带岩石

表 4-15(续)

编号	深度 H/m	观测区段/m	裂隙产状	裂隙宽度/mm		备 注
				最小	最大	
12	209.41	209.30~212.60	S16°W∠8°	0.5	8.0	
13	209.63	209.30~212.60	S74°W∠39°	3.2	9.4	
14	210.00~210.55	209.30~212.60	无法判明	厚约 50.0		斑状条带岩石
15	212.53	209.30~212.60	N85°W∠35°	85.6	112.3	黄斑夹层
16	214.42	214.30~214.50	S16°W∠17°	0.5	12.3	
17	215.70~217.95	215.65~218.00	N19°E∠89°	15.6	29.7	近垂直节理,端部掉块
18	220.34	220.20~220.50	S39°E∠9°	闭合		层面
19	221.26	221.20~221.80	S36°E∠10°	闭合		层面
20	221.65	221.20~221.80	S29°E∠41°	46.2	78.9	青泥岩夹层
21	223.13	222.90~223.35	S59°E∠67°	闭合		白色条带夹层
22	223.76	223.60~223.90	S56°E∠27°	1.2	3.4	
23	229.66	229.40~230.10	S49°W∠72°	闭合		黄斑夹层
24	234.77	234.60~234.90	N5°W∠72°	2.0	6.3	
25	235.62	235.55~235.80	S35°W∠43°	闭合		夹层
26	240.42	240.15~240.70	N25°E∠29°	3.6	16.3	南向窄
27	240.57	240.15~240.70	N15°E∠25°	0	7.2	南向闭合
28	242.80	242.00~243.20	N20°W∠21°	0	17.6	南向闭合
29	242.50~243.20	242.00~243.20	N51°W∠89°	1.1	5.4	近垂直裂隙
30	243.20~243.95	243.20~243.95	N51°W∠89°	1.0	3.2	近垂直裂隙
31	245.27	245.00~245.50	N6°E∠17°	4.3	5.7	
32	245.90	245.50~246.10	N19°E∠80°	8.4	12.6	
33	246.57	246.50~246.70	N27°W∠22°	0	6.3	南向闭合
34	247.51	247.40~248.20	N10°W∠42°	0.5	9.6	
35	247.82	247.40~248.20	S26°W∠77°	0	6.5	见于东面
36	248.70	248.50~248.80	N27°W∠26°	39.2	64.3	
37	249.79	249.70~250.05	N32°W∠14°	16.3	22.1	
38	250.45	250.20~251.10	N1°E∠45°	0	8.1	见于南面局部
39	250.90	250.20~251.10	S48°W∠15°	8.6	9.2	白色条带夹层
40	253.21	252.97~253.30	N83°W∠68°	2.8	3.6	见于东面
41	257.50	257.30~257.70	S10°W∠14°	闭合		夹层界面
42	257.55	257.30~257.70	S86°W∠85°	15.4	18.2	见于西面
43	259.50	259.30~259.60	无法判明	平均直径约 40.0		小洞,见于东面
44	261.79	261.10~262.35	S36°W∠85°	21.0	68.7	
45	263.23	265.40~265.70	N28°E∠2°	3.8	12.9	
46	265.53	230.90~231.20	S39°E∠14°	闭合		层面

表 4-15(续)

编号	深度 H/m	观测区段/m	裂隙产状	裂隙宽度/mm		备 注
				最小	最大	
47	265.79	255.70～255.90	N62°W∠4°	闭合		夹层界面
48	268.93	268.80～269.20	S5°E∠27°	5.6	17.2	不完全
49	269.62	269.50～269.70	S4°E∠21°	17.5	26.4	
50	269.89	269.70～270.50	N62°W∠65°	11.3	31.0	见于东面
51	270.32	269.70～270.50	S19°E∠44°	4.8	16.3	
52	271.60～272.10	271.50～272.10	无法判明	5.2	52.3	见于东西面
53	272.10～273.00	272.10～273.00	无法判明	4.8	76.3	见于北面
54	273.00～275.50	273.00～275.50	无法判明	3.9	51.6	见于北西面
55	275.50～280.50	275.50～283.00	无法判明	3.4	86.2	垂直趋势明显，节理裂隙发育
56	280.79	275.50～283.00	N77°W∠75°	12.3	56.0	见于东面
57	280.96	275.50～283.00	N53°E∠23°	5.3	11.6	
58	281.00～282.60	275.50～283.00	无法判明	4.6	39.4	
59	283.65	275.50～283.00	N11°W∠13°	7.6	16.7	
60	284.84	284.75～285.30	S38°E∠23°	2.3	12.4	
61	284.98	284.75～285.30	S4°E∠29°	1.8	11.3	
62	285.03	284.75～285.30	S26°E∠12°	3.1	10.5	
63	285.16	284.75～285.30	S7°E∠17°	12.1	21.4	
64	285.74	284.75～285.30	S51°E∠86°	1.2	4.7	见于西北面
65	284.75～285.90	285.30～286.10	S36°E∠85°	1.6	4.2	
66	285.99	285.30～286.10	N40°W∠14°	7.5	12.4	
67	285.95	285.30～286.10	N20°W∠10°	8.7	14.2	
68	287.83	287.75～288.00	无法判明	厚95.0左右		不完全离散裂隙
69	288.46	288.40～288.70	S43°E∠6°	7.9	10.2	
70	288.57	288.40～288.70	S27°E∠5°	5.4	8.7	
71	288.87	288.70～289.25	N16°E∠5°	14.1	32.4	
72	288.93	288.70～289.25	S61°E∠79°	10.4	13.0	
73	289.33	289.25～290.00	N52°W∠42°	6.7	13.4	
74	289.38～289.32	289.25～290.00	无法判明	4.2	7.1	见于东面
75	289.87	289.25～290.00	S3°E∠19°	13.5	17.3	
76	290.13	290.00～290.30	N18°W∠18°	3.6	9.7	
77	292.35	292.20～292.70	S33°W∠50°	闭合		夹层界面
78	292.52	292.20～292.70	N28°E∠58°	闭合		夹层界面
79	293.89～294.00	293.80～294.40	S34°W∠35°	96.8	118.5	夹层
80	294.03	293.80～294.40	S51°W∠8°	9.2	13.4	

表 4-15(续)

编号	深度 H/m	观测区段/m	裂隙产状	裂隙宽度/mm		备 注
				最小	最大	
81	294.27	293.80~294.40	N30°W∠35°	8.2	12.6	
82	295.78	295.60~296.40	S49°W∠32°	62.4	79.1	夹层
83	296.00~296.32	295.60~296.40	N57°W∠21°	厚约300.0		夹层
84	296.66	296.40~299.40	S13°E∠44°	15.1	17.2	
85	296.77	296.40~299.40	S61°E∠68°	16.7	23.5	见于东南面
86	297.50~299.10	296.40~299.40	N4°W∠87°	12.6	17.9	近垂直趋势明显，节理裂隙发育
87	297.45	296.40~299.40	N21°E∠85°	11.4	14.6	见于西面
88	299.58	299.40~300.30	S39°E∠23°	18.4	22.3	
89	299.96	299.40~300.30	N17°W∠77°	4.2	7.4	
90	300.94	300.80~301.20	N86°W∠66°	闭合		夹层界面
91	302.81	302.70~303.00	N37°W∠36°	闭合		夹层界面
92	304.27	304.10~304.50	N74°W∠71°	4.1	18.9	
93	305.26	305.10~306.00	S36°W∠34°	7.9	16.3	
94	305.73	305.10~306.00	N12°E∠74°	2.1	4.1	微裂隙
95	305.88	305.10~306.00	N38°E∠4°	36.9	43.1	
96	306.28	306.00~307.00	N16°E∠77°	5.9	7.7	见于南面
97	306.40	306.00~307.00	S17°E∠64°	63.4	76.3	
98	308.08	307.80~308.55	S29°W∠82°	7.5	9.0	
99	310.28	310.10~310.40	N81°E∠8°	24.5	29.0	不完全
100	312.96	312.40~313.20	S29°E∠19°	闭合		砂泥岩互层
101	318.52	318.30~318.70	S30°E∠32°	8.7	13.2	
102	319.80	319.70~320.00	S40°E∠19°	81.3	89.5	
103	321.10	320.90~321.20	S24°E∠22°	闭合		夹层
104	321.54	321.50~321.70	N52°E∠47°	31.6	37.4	
105	324.01	323.40~324.40	N56°E∠84°	6.4	9.6	
106	324.20	323.40~324.40	S38°E∠9°	闭合		层面
107	327.50~332.30	327.50~332.30	无法判明	闭合		破碎带
108	338.22	338.10~338.40	S34°E∠15°	闭合		层面
109	341.99	341.70~342.20	N5°W∠78°	1.0	4.6	
110	343.92	343.70~344.20	S42°W∠67°	闭合		夹层
111	346.29	346.20~346.40	S1°E∠20°	10.3	16.4	
112	349.21	349.10~349.40	S26°E∠22°	闭合		夹层
113	355.14	354.80~355.30	N7°E∠81°	3.6	5.2	
114	357.50	351.63~385.27	S30°E∠13°	闭合		层面

表 4-15(续)

编号	深度 H/m	观测区段/m	裂隙产状	裂隙宽度/mm		备 注
				最小	最大	
115	358.70～359.40	358.70～359.40	S50°E∠19°	厚约 700.0		砂泥岩互层
116	363.05	362.80～363.20	S41°W∠59°	28.5	37.4	
117	367.20～368.10	367.10～368.40	无法判明	2.0	10.4	见于东面
118	368.70	368.50～368.90	S30°E∠19°	7.6	11.2	
119	370.95	370.90～371.30	S47°E∠17°	9.7	14.3	
120	371.22	370.90～371.30	N68°E∠16°	6.4	8.5	
121	373.70～375.30	351.63～385.27	N26°W∠62°	闭合		砂泥岩互层
122	375.80～376.50	351.63～385.27	N36°W∠48°	厚约 700.0		夹层
123	379.70～380.90	351.63～385.27	无法判明	厚约 1 200.0		夹层
124	382.07	381.90～382.20	S54°E∠27°	31.5	39.4	夹层
125	390.81	390.70～391.50	S56°E∠35°	9.4	13.4	
126	391.15	390.70～391.50	S36°E∠36°	9.3	12.9	
127	391.24	390.70～391.50	S64°E∠43°	0.5	12.5	
128	391.42	390.70～391.50	S16°E∠34°	17.6	22.4	东北呈环状
129	392.19	392.00～396.70	S68°E∠72°	7.5	9.7	
130	392.00～396.70	392.00～396.70	无法判明	8.4	62.7	垂直趋势明显，节理裂隙发育
131	400.70	400.10～401.60	S1°E∠76°	6.9	16.7	
132	400.90	400.10～401.60	N6°E∠86°	55.0	80.5	
133	400.99	400.10～401.60	S15°E∠32°	7.2	14.1	东面闭合
134	401.41	400.10～401.60	S29°E∠20°	闭合		层面
135	406.67	406.50～407.20	S23°W∠56°	20.3	26.4	
136	407.08	406.50～407.20	S60°W∠18°	9.1	12.3	

4.4.2.3 T2291 综放工作面采前观测钻孔数字全景摄像段裂隙统计分析

（1）采前摄像段裂隙分组统计分析

整理 T2291 综放工作面采前观测钻孔数字全景摄像资料，在 199.65～414.05 m 摄像段发现的 136 条裂隙中，能判明产状的有 120 条。其中，缓倾角(0°<θ<30°)的裂隙 58 条，占 48.33%；中倾角(30°<θ<60°)的裂隙 27 条，占 22.50%；陡倾角(60°<θ<90°)的裂隙 35 条，占 29.17%。按裂隙方位分，NE 向 23 条，占 19.17%；NW 向 32 条，占 26.67%；SW 向 20 条，占 16.67%；SE 向 45 条，占 37.50%。能判明产状的裂隙以缓倾角为主，SE 向最多，裂隙分组统计情况见表 4-16。

表 4-16　T2291 综放工作面采前钻孔数字全景摄像段能判别产状裂隙分组表

摄像深度/m	\multicolumn{12}{c}{199.65～414.05}											
倾角 θ	\multicolumn{4}{c}{缓倾角 (0°＜θ＜30°,58 条)}				\multicolumn{4}{c}{中倾角 (30°＜θ＜60°,27 条)}				\multicolumn{4}{c}{陡倾角 (60°＜θ＜90°,35 条)}			
方位	NE	NW	SW	SE	NE	NW	SW	SE	NE	NW	SW	SE
	12 条	13 条	6 条	27 条	3 条	7 条	8 条	9 条	8 条	12 条	6 条	9 条

（2）采前摄像段按裂隙密度统计分析

全景摄像分段裂隙密度统计见表 4-17,全段平均裂隙密度为 0.67 条/m,其中,266.01～314.00 m 段裂隙密度最大,为 1.10 条/m,314.01～385.00 m 段裂隙密度最小,为0.34 条/m。

表 4-17　T2291 综放工作面采前钻孔数字全景摄像段裂隙密度统计表

统计深度/m	199.65～224.00	224.01～266.00	266.01～314.00	314.01～385.00	385.01～414.05	全段平均
裂隙密度/(条/m)	0.90	0.60	1.10	0.34	0.41	0.67

4.4.3　T2291 综放工作面采后观测钻孔数字全景摄像

4.4.3.1　T2291 综放工作面采后观测钻孔数字全景摄像情况

T2291 综放工作面开采后进行观测钻孔数字全景摄像,主要目的是查明采后覆岩运动与离层的情况,通过摄像提供岩体的结构信息,与采前钻孔数字全景摄像成果进行对比,分析研究覆岩运动规律,为覆岩离层规律和注浆减沉机理的研究提供可靠的依据。

在 T2291 综放工作面开采结束后的 2007 年 11 月 25 日至 11 月 29 日,井滦唐山矿再次委托中国科学院武汉岩土力学研究所对采后覆岩移动与离层情况进行了钻孔数字全景摄像。原开采前施工的覆岩运动观测钻孔经过采动破坏后已不能使用,为此在紧靠原观测钻孔附近重新施工了 1 个钻孔,钻孔深度 549 m。

T2291 综放工作面开采结束后再次进行的钻孔数字全景摄像分两段进行,第一段孔深为 173.30～469.00 m,第二段孔深为 469.00～538.70 m。分两段进行是因为在第一段摄像中,发现在 470.00 m 处堵孔,摄像设备不能下放而中止。通过处理后全孔通畅,摄像设备可下放到 538.70 m 的位置,两次摄像合并范围为 173.30～538.70 m,累计摄像长度为365.40 m,538.70 m 以下至孔底因岩粉堵塞,摄像设备不能进入而未能摄像。

4.4.3.2　T2291 综放工作面采后观测钻孔数字全景摄像段裂隙统计

分析整理 T2291 综放工作面采后观测钻孔数字全景摄像资料,在本次总长度 365.40 m的摄像范围内,发现 279 条裂隙,各裂隙产状如表 4-18 所示。

表 4-18　T2291 综放工作面采后观测钻孔数字全景摄像段裂隙产状

编号	深度 H/m	观测区段/m	裂隙产状	\multicolumn{2}{c}{裂隙宽度/mm}		备注
				最小	最大	
1	175.28	174.50～175.50	S38°E∠18°	7.1	16.2	

表 4-18(续)

编号	深度 H/m	观测区段/m	裂隙产状	裂隙宽度/mm		备注
				最小	最大	
2	178.91	178.50~180.50	S17°E∠36°	5.0	13.4	
3	180.10	178.50~180.50	无法判明	约6.4		见于西面
4	180.25	178.50~180.50	无法判明	0	60.0	见于北面
5	181.52	181.00~182.00	S70°E∠25°	0		界面
6	185.63	185.00~186.00	S81°E∠11°	0		界面
7	191.52	191.00~192.00	S42°E∠64°	0	16.3	
8	192.84	192.70~193.70	N22°E∠29°	0	约200.0	
9	193.41	192.70~193.70	N20°E∠24°	0	约150.0	
10	195.00	194.60~195.50	无法判明	0	60.0	
11	195.30	194.60~195.50	S51°E∠26°	2.3	12.5	
12	199.77	195.50~201.50	无法判明	0	32.0	
13	199.97	195.50~201.50	无法判明	0	27.0	
14	201.30	195.50~201.50	无法判明	0	9.0	
15	201.62	201.50~202.50	无法判明	0	10.0	
16	202.03	201.50~202.50	S84°E∠31°	0	约70.0	
17	203.24	203.00~204.00	无法判明	0	9.0	
18	203.45	203.00~204.00	无法判明	0	35.0	
19	203.50	203.00~204.00	S6°W∠78°	7.4	19.8	
20	204.00	203.00~204.00	N82°E∠14°	9.5	16.0	
21	205.27	205.00~206.00	无法判明	0	8.0	
22	205.80	205.00~206.00	无法判明	0	62.0	
23	206.75	206.00~207.50	S87°E∠10°	0	50.0	
24	207.00	206.00~207.50	无法判明	0	18.0	
25	207.39	206.00~207.50	无法判明	0	21.0	
26	207.56	207.50~209.30	无法判明	0	21.0	
27	208.39	207.50~209.30	S14°E∠83°	2.2	13.6	
28	212.15	212.00~214.00	无法判明	0	10.0	
29	212.30	212.00~214.00	无法判明	0	14.0	
30	212.57	212.00~214.00	无法判明	0	8.0	
31	212.80	212.00~214.00	无法判明	0	21.0	
32	213.20	212.00~214.00	无法判明	0	18.0	
33	213.40	212.00~214.00	无法判明	0	11.0	
34	213.55	212.00~214.00	无法判明	0	23.0	
35	216.46	216.00~217.00	S24°E∠80°	0	12.4	
36	217.52	217.00~218.00	无法判明	0	12.0	

表 4-18(续)

编号	深度 H/m	观测区段/m	裂隙产状	裂隙宽度/mm		备注
				最小	最大	
37	217.57	217.00~218.00	无法判明	0	18.0	
38	218.93	218.50~220.50	S∠84°	0	8.4	
39	219.23	218.50~220.50	无法判明	0	800.0	
40	220.01	218.50~220.50	S22°W∠78°	0	18.3	
41	220.24	218.50~220.50	S37°E∠9°	0		层面
42	227.36	227.00~228.00	N12°E∠68°	7.9	18.2	
43	231.20	230.50~231.50	无法判明	0	200.0	
44	233.57	233.00~234.00	无法判明	0	18.0	
45	233.84	233.00~234.00	无法判明	0	15.0	
46	234.81	234.00~235.00	N83°E∠49°	6.4	14.0	
47	235.70	235.00~236.50	无法判明	0	42.0	
48	236.25	235.00~236.50	无法判明	0	750.0	岩质较差
49	238.80	238.00~239.00	无法判明	0	13.0	
50	240.72	239.00~241.50	无法判明	0	15.0	
51	240.85	239.00~241.50	无法判明	0	14.0	
52	241.16	239.00~241.50	无法判明	0	10.0	
53	241.45	239.00~241.50	无法判明	0	16.0	
54	241.97	241.50~243.00	S51°E∠29°	0		
55	243.96	243.50~245.50	N55°E∠25°	0		界面
56	244.25	245.50~249.00	无法判明	0	18.0	
57	244.88	245.50~249.00	无法判明	0	13.0	
58	246.05	245.50~249.00	无法判明	0	16.0	
59	246.47	245.50~249.00	无法判明	0	9.0	
60	247.50	245.50~249.00	无法判明	0	270.0	
61	249.10	249.00~249.50	S4°W∠81°	2.1	17.4	
62	249.27	249.00~249.50	S46°E∠21°	0		界面
63	250.65	250.00~252.00	无法判明	0	12.0	
64	250.89	250.00~252.00	无法判明	0	10.0	
65	252.00	250.00~252.00	无法判明	0	13.0	
66	252.31	252.00~253.20	S15°W∠81°	5.4	16.3	
67	255.05	254.00~256.00	S8°W∠84°	0	27.4	近垂直
68	255.65	254.00~256.00	无法判明	0	20.0	
69	256.56	254.00~256.00	无法判明	0	13.0	
70	257.09	256.00~257.80	S5°E∠84°	4.2	28.0	近垂直
71	260.55	259.50~261.40	S∠16°	4.7	18.0	

表 4-18(续)

编号	深度 H/m	观测区段/m	裂隙产状	裂隙宽度/mm 最小	裂隙宽度/mm 最大	备注
72	261.27	259.50~261.40	N16°W∠13°	0		界面
73	263.36	261.40~264.50	无法判明	0	13.0	
74	263.55	261.40~264.50	无法判明	0	32.0	
75	263.80	261.40~264.50	无法判明	0	20.0	
76	264.12	261.40~264.50	无法判明	0	6.0	
77	264.57	264.50~265.50	S17°E∠33°	6.5	20.0	
78	264.80	264.50~265.50	无法判明	3.5	12.3	
79	265.10	264.50~265.50	无法判明	3.4	10.2	
80	267.97	266.00~269.00	无法判明	0	85.0	
81	268.90	266.00~269.00	无法判明	0	9.0	
82	271.17	269.50~272.00	N2°E∠37°	0		界面
83	271.60	269.50~272.00	无法判明	0	1 400.0	岩质较差
84	272.17	272.00~273.00	无法判明	0	16.0	
85	272.60	272.00~273.00	无法判明	0	33.0	
86	273.76	273.30~274.30	S9°W∠14°	8.3	14.5	
87	274.94	274.80~275.10	S12°W∠12°	9.2	13.8	
88	276.41	276.20~276.80	S4°W∠9°	8.5	16.3	
89	277.05	277.00~278.00	S∠10°	0		
90	277.40	277.00~278.00	S2°W∠9°	0		
91	278.93	278.80~279.90	S32°W∠21°	8.4	16.5	
92	279.30	278.80~279.90	无法判明	0	3.0	
93	279.40	278.80~279.90	无法判明	0		
94	279.90	278.80~279.90	无法判明	0	5.0	
95	280.17	279.90~285.10	无法判明	0	22.0	
96	280.40	279.90~285.10	无法判明	0	18.0	
97	282.05	279.90~285.10	无法判明	0	27.0	
98	283.62	279.90~285.10	无法判明	0	19.0	
99	284.50	279.90~285.10	无法判明	0	12.0	
100	285.18	285.10~286.30	N2°W∠11°	0		界面
101	285.50	285.10~286.30	无法判明	0	25.0	
102	286.10	285.10~286.30	无法判明	0		
103	286.90	286.90~288.70	无法判明	0	21.0	
104	287.06	286.90~288.70	S33°E∠83°	0	15.3	
105	287.56	286.90~288.70	无法判明	0	12.0	
106	287.90	286.90~288.70	无法判明	0		

表 4-18(续)

编号	深度 H/m	观测区段/m	裂隙产状	裂隙宽度/mm 最小	裂隙宽度/mm 最大	备注
107	288.14	286.90~288.70	S88°W∠81°	5.3	17.6	
108	288.56	286.90~288.70	无法判明	0	27.0	
109	288.60	286.90~288.70	无法判明	0		
110	289.90	289.30~290.30	S5°E∠17°	0		
111	290.10	289.30~290.30	无法判明	0	60.0	
112	295.40	295.00~296.00	无法判明	0	13.0	
113	295.81	295.00~296.00	N32°W∠23°	0		界面
114	296.62	296.00~297.00	无法判明	0	14.0	
115	297.66	296.80~297.80	N82°W∠20°	9.6	16.0	
116	298.08	298.00~298.90	S44°E∠19°	5.2	15.1	
117	298.30	298.00~298.90	无法判明	0	10.0	
118	298.76	298.00~298.90	S42°E∠14°	9.5	15.5	
119	301.80	301.70~303.10	无法判明	0		界面
120	302.90	301.70~303.10	S48°E∠60°	9.2	13.6	
121	304.83	304.50~305.50	S61°E∠51°	0		界面
122	305.32	304.50~305.50	S18°W∠47°	0		
123	306.16	306.00~307.00	S44°E∠35°	0		
124	306.51	306.00~307.00	S75°E∠47°	0		界面
125	306.90	306.00~307.00	无法判明	0		
126	308.12	308.00~309.00	S7°E∠41°	0		界面
127	308.38	308.00~309.00	N12°W∠76°	0	9.6	
128	308.80	308.00~309.00	无法判明	0		
129	310.13	310.00~311.00	S65°E∠16°	12.3	20.0	
130	312.32	312.00~312.80	S14°W∠81°	0	13.5	
131	314.30	313.20~315.20	无法判明	0	20.0	
132	314.59	313.20~315.20	S4°W∠85°	0	14.5	
133	314.78	313.20~315.20	无法判明	0	9.0	
134	314.92	313.20~315.20	无法判明	0	11.0	
135	317.58	317.00~319.00	无法判明	0	16.0	
136	318.03	317.00~319.00	无法判明	0	95.0	
137	319.10	319.00~319.50	N62°E∠47°	0	65.0	
138	319.39	319.00~319.50	S76°E∠58°	0		界面
139	324.40	324.30~325.30	N83°E∠14°	0		界面
140	324.49	324.30~325.30	N78°E∠20°	5.0	8.0	
141	324.57	324.30~325.30	S36°E∠11°	0		层面

表 4-18(续)

编号	深度 H/m	观测区段/m	裂隙产状	裂隙宽度/mm 最小	裂隙宽度/mm 最大	备注
142	325.01	324.30～325.30	S79°E∠13°	0		界面
143	325.03	324.30～325.30	S85°E∠24°	0		界面
144	325.23	324.30～325.30	N3°W∠19°	9.1	15.6	
145	326.15	325.90～327.00	S52°E∠33°	0		界面
146	326.26	325.90～327.00	S29°E∠52°	10.3	14.6	
147	326.58	325.90～327.00	无法判明	0	20.0	
148	326.76	325.90～327.00	S47°W∠53°	5.4	16.5	
149	327.39	327.00～328.00	S38°E∠35°	0		界面
150	338.04	337.80～339.60	S33°E∠15°	0		界面
151	339.98	339.60～340.60	N7°W∠82°	6.0	15.0	
152	341.41	341.20～341.70	S60°E∠18°	0		界面
153	342.36	342.20～343.80	S30°E∠6°	0		界面
154	342.53	342.20～343.80	无法判明	0	50.0	
155	342.89	342.20～343.80	S38°W∠65°	0	15.0	
156	343.26	342.20～343.80	N77°W∠52°	7.2	14.8	
157	343.65	342.20～343.80	S42°E∠44°	6.1	10.5	
158	345.23	345.00～346.40	S66°E∠22°	4.0	8.6	
159	345.51	345.00～346.40	S76°E∠25°	11.0	15.1	
160	346.09	345.00～346.40	S55°W∠10°	11.2	16.3	
161	346.23	345.00～346.40	S3°E∠19°	23.1	30.4	
162	349.41	349.00～350.00	S47°E∠21°	0	25.0	
163	350.19	350.00～350.50	S5°E∠57°	0	10.0	
164	355.58	355.30～356.00	N8°E∠84°	10.0	20.4	
165	356.18	356.00～357.00	无法判明	0	16.0	
166	356.50	356.00～357.00	无法判明	0	13.0	
167	357.21	357.00～358.20	S24°E∠14°	8.2	14.3	界面
168	357.94	357.00～358.20	S12°W∠62°	4.6	12.5	
169	358.21	358.20～358.50	无法判明	0	37.0	
170	358.87	358.50～360.30	S79°E∠33°	0		界面
171	359.22	358.50～360.30	N22°E∠44°	25.0	40.0	
172	360.10	358.50～360.30	无法判明	0	19.0	
173	360.16	358.50～360.30	S44°E∠24°	0	15.0	
174	361.93	361.00～362.00	无法判明	0	90.0	
175	362.92	362.80～363.00	E∠13°	0		界面
176	363.03	363.00～363.20	N85°W∠36°	0		界面

表 4-18(续)

编号	深度 H/m	观测区段/m	裂隙产状	裂隙宽度/mm		备注
				最小	最大	
177	363.35	363.00～364.00	无法判明	0	16.0	
178	364.04	364.00～364.50	S42°E∠20°	0		界面
179	365.96	365.50～367.20	S69°E∠11°	0		界面
180	366.86	365.50～367.20	N41°W∠69°	20.3	35.4	
181	368.32	367.50～369.40	S84°E∠51°	0	150	
182	368.69	367.50～369.40	S33°E∠20°	6.9	10.3	
183	371.14	371.00～373.00	S72°E∠18°	0		界面
184	372.04	371.00～373.00	S71°E∠13°	0		界面
185	372.11	371.00～373.00	S43°E∠15°	0		界面
186	374.50	374.30～374.60	S13°E∠14°	0		界面
187	376.00	375.80～377.10	S23°E∠47°	9.0	13.4	界面
188	376.91	375.80～377.10	S32°E∠18°	0		界面
189	381.22	381.00～383.00	N19°W∠60°	0	19.6	
190	381.77	381.00～383.00	N9°W∠44°	0	600.0	岩石破碎
191	382.40	381.00～383.00	无法判明	0	26.0	
192	383.42	383.20～385.20	S52°E∠10°	0	25.0	
193	384.19	383.20～385.20	N76°W∠61°	0		界面
194	388.08	387.00～388.40	S39°E∠27°	0		界面
195	389.09	389.80～390.20	S35°E∠39°	5.0	10.2	
196	391.66	391.20～392.40	S72°W∠9°	0		界面
197	391.84	391.20～392.40	S26°W∠8°	0		界面
198	392.19	391.20～392.40	S43°E∠3°	0	15.0	
199	392.31	391.20～392.40	S37°E∠8°	0	50.0	
200	394.52	394.00～395.00	N79°W∠73°	9.7	16.5	
201	399.75	398.50～402.00	S27°E∠82°	5.0	30.0	
202	400.69	398.50～402.00	S29°E∠32°	10.0	19.7	
203	401.87	398.50～402.00	S30°E∠23°	0		层面
204	404.78	404.50～405.00	S19°E∠49°	4.4	17.9	
205	406.10	406.00～408.60	S84°E∠4°	0		界面
206	406.19	406.00～408.60	N87°E∠10°	0		界面
207	407.16	406.00～408.60	S41°W∠72°	5.6	9.7	
208	407.63	406.00～408.60	N53°E∠12°	0	10.6	
209	407.75	406.00～408.60	S24°E∠42°	0	8.0	
210	407.97	406.00～408.60	S7°E∠52°	0		界面
211	408.15	406.00～408.60	S21°W∠31°	0		界面

表 4-18(续)

编号	深度 H/m	观测区段/m	裂隙产状	裂隙宽度/mm		备注
				最小	最大	
212	410.93	410.80~413.50	N8°E∠10°	0		界面
213	411.62	410.80~413.50	N2°E∠74°	6.0	15.4	
214	413.21	410.80~413.50	S50°E∠16°	15.0	22.0	
215	413.39	410.80~413.50	S53°E∠14°	16.3	24.4	
216	415.97	415.60~416.50	S21°W∠83°	0	10.3	
217	420.52	420.00~421.30	S44°W∠84°	0	16.5	
218	425.71	425.50~428.20	N83°E∠28°	0		界面
219	425.90	425.50~428.20	S58°E∠62°	0		界面
220	430.36	429.50~432.10	S12°E∠16°	0		
221	430.43	429.50~432.10	N65°E∠36°	0		
222	431.96	429.50~432.10	S68°E∠68°	7.6	15.6	
223	433.73	433.60~434.00	N80°E∠15°	0		界面
224	433.77	433.60~434.00	S52°W∠24°	0		界面
225	435.78	335.50~437.50	N73°W∠72°	0	10.9	
226	436.70	435.50~437.50	S49°W∠10°	0	10.0	
227	442.80	442.60~445.40	S64°E∠53°	0		界面
228	444.10	442.60~445.40	无法判明	0	14.0	破碎
229	446.70	446.20~447.20	S20°W∠81°	0	9.7	
230	448.47	447.20~448.70	S63°E∠27°	0		界面
231	451.57	451.00~454.40	S12°E∠12°	0		界面
232	452.42	451.00~454.40	S8°W∠80°	0		界面
233	453.61	451.00~454.40	S21°W∠83°	5.3	12.2	
234	454.19	451.00~454.40	S13°W∠49°	6.1	14.3	
235	455.97	455.80~458.30	S9°W∠55°	0		界面
236	457.08	455.80~458.30	N66°E∠45°	0	19.6	
237	457.52	455.80~458.30	N7°W∠38°	0		界面
238	458.12	455.80~458.30	S37°E∠5°	0		界面
239	459.22	458.40~463.80	S11°W∠70°	0	19.6	
240	459.99	458.40~463.80	S66°E∠15°	0		界面
241	460.28	458.40~463.80	N76°E∠18°	0		界面
242	460.47	458.40~463.80	S14°W∠82°	9.6	20.7	
243	461.71	458.40~463.80	N74°W∠82°	0	25.0	
244	461.83	458.40~463.80	S70°E∠16°	0		界面
245	466.05	465.90~469.00	S18°W∠49°	0		界面
246	469.00	465.90~471.00	无法判明	0		

表 4-18(续)

编号	深度 H/m	观测区段/m	裂隙产状	裂隙宽度/mm		备注
				最小	最大	
247	470.80	465.90～471.00	无法判明	0		
248	474.00	472.50～475.50	S64°E∠21°	12.6	21.7	
249	475.00	472.50～475.50	无法判明	0		
250	475.32	472.50～475.50	S∠81°	9.4	16.2	
251	475.90	475.00～478.00	无法判明	0	10.0	
252	476.33	475.00～478.00	S7°E∠15°	12.8	19.3	
253	476.90	475.00～478.00	无法判明	0	15.0	
254	477.75	475.00～478.00	S9°E∠35°	0	22.3	
255	480.37	480.00～483.50	S29°E∠21°	15.6	24.3	
256	484.20	484.00～486.50	S4°E∠42°	9.0	13.4	岩脉
257	485.02	484.00～486.50	S15°W∠44°	0		界面
258	486.33	484.00～486.50	S44°W∠67°	0	19.4	
259	488.77	487.60～493.40	S42°W<30°	0		界面
260	490.57	487.60～493.40	N71°W∠55°	0	11.6	
261	493.16	487.60～493.40	N18°W∠9°	0		界面
262	494.39	494.00～499.00	S80°W∠59°	0	16.3	
263	500.11	499.00～503.30	S29°W∠51°	0		界面
264	500.72	499.00～503.30	S82°E∠20°	0		界面
265	501.03	499.00～503.30	S10°W∠17°	0		界面
266	502.36	499.00～503.30	S45°W∠73°	0		界面
267	506.63	504.80～508.50	S19°W∠82°	9.1	24.5	
268	510.10	510.00～512.20	N83°E∠22°	0		界面
269	511.05	510.00～512.20	S38°W∠34°	6.4	17.2	
270	511.63	510.00～512.20	S22°E<18°	5.9	13.4	
271	513.37	513.00～516.70	S68°W∠41°	0	13.5	岩脉
272	516.40	513.00～516.70	S79°E∠33°	0		界面
273	519.18	517.00～519.50	S50°E∠64°	0	19.5	岩脉
274	522.41	522.00～527.00	S40°E∠7°	4.1	12.3	岩脉
275	529.43	529.00～534.50	S40°E∠13°	9.2	16.5	
276	532.34	529.00～534.50	S34°E∠17°	0		界面
277	532.48	529.00～534.50	S35°E∠15°	17.4	23.2	
278	533.10	529.00～534.50	S57°E∠31°	0		界面
279	534.05	529.00～534.50	S50°W∠52°	13.6	17.4	

4.4.3.3 T2291综放工作面采后观测钻孔数字全景摄像段裂隙统计分析

（1）采后观测钻孔数字全景摄像段裂隙分组统计

表4-18所列的279条裂隙中，能判明产状的有182条。其中，缓倾角（$0°<\theta<30°$）的裂隙89条，占48.9%；中倾角（$30°<\theta<60°$）的裂隙51条，占28.02%；陡倾角（$60°<\theta<90°$）的裂隙42条，占23.08%。按裂隙方位分，NE向24条，占13.19%；NW向19条，占10.44%；SW向49条，占26.92%；SE向90条，占49.45%。能判明产状的裂隙分组统计情况见表4-19，其中能判明产状的裂隙以缓倾角为主，SE向最多。

表4-19　T2291综放工作面采后观测钻孔数字全景摄像段能判别产状裂隙分组表

摄像深度/m	\multicolumn{12}{c}{173.30～538.70}
倾角 θ	缓倾角 （$0°<\theta<30°$,89条）				中倾角 （$30°<\theta<60°$,51条）				陡倾角 （$60°<\theta<90°$,42条）			
方位	NE	NW	SW	SE	NE	NW	SW	SE	NE	NW	SW	SE
	15条	6条	14条	54条	6条	6条	12条	27条	3条	7条	23条	9条

（2）采后观测钻孔数字全景摄像段按裂隙密度分组统计

自观测钻孔深度173.30～538.70 m进行数字全景摄像发现279条裂隙，在全长365.40 m的摄像段内，全段平均裂隙密度为0.76条/m。其中，273.30～292.10 m段裂隙密度最大，为1.44条/m；503.30～538.70 m段裂隙密度最小，为0.35条/m。分段计算的裂隙密度统计见表4-20。

表4-20　T2291综放工作面采后观测钻孔数字全景摄像段裂隙密度统计表

起始深度/m	结束深度/m	裂隙密度/(条/m)	起始深度/m	结束深度/m	裂隙密度/(条/m)
173.30	186.10	0.47	323.30	373.30	0.94
186.10	223.30	0.97	373.30	423.30	0.66
223.30	273.30	0.86	423.30	469.70	0.63
273.30	292.10	1.44	469.70	503.30	0.63
292.10	323.30	0.74	503.30	538.70	0.35

（3）采后观测钻孔数字全景摄像段按裂隙宽度分组统计

按裂隙宽度来分，可得采后观测钻孔数字全景摄像段按裂隙宽度分组表，如表4-21所示。从表中可知裂隙宽度在20 mm以下的裂隙有225条，占80.65%；裂隙宽度在20 mm以上的裂隙有54条，占19.35%。统计裂隙的总体积为0.116 m³，占摄像段钻孔总体积的4.88%。覆岩钻孔数字全景摄像成果说明，进行覆岩离层注浆时既要对少数宽度较大的裂隙进行充分注浆充填，也要重视对大量宽度较小的裂隙注浆充填，这样才能收到较好的减沉效果。

表 4-21　T2291 综放工作面采后观测钻孔数字全景摄像段裂隙宽度统计表

统计深度/m	173.30～538.70			
裂隙宽度/mm	$0<\mu<10$	$10<\mu<20$	$20<\mu<50$	$\mu>50$
裂隙条数/条	118	107	35	19

4.4.4　T2291 综放工作面采前与采后观测钻孔数字全景摄像对比研究

4.4.4.1　T2291 综放工作面开采前、后观测钻孔数字全景摄像对比段范围

　　T2291 综放工作面开采前的覆岩运动观测钻孔数字全景摄像范围为 199.65～414.05 m，累计摄像长度为 214.40 m；T2291 综放工作面开采后的观测钻孔数字全景摄像范围为 173.30～538.70 m，累计摄像长度为 365.40 m。为便于进行开采前、后覆岩裂隙变化的对比，将开采前、后的相同摄像范围的 199.65～414.05 m 段来作分析比较。

4.4.4.2　T2291 综放工作面开采前、后观测钻孔数字全景摄像对比段研究

　　（1）开采前、后观测钻孔对比段数字全景摄像裂隙变化分析

　　T2291 综放工作面开采前观测钻孔 199.65～414.05 m 数字全景摄像段发现裂隙 136 条，平均裂隙密度为 0.67 条/m，其中 266.01～314.00 m 段裂隙密度最大，为 1.10 条/m，314.01～385.00 m 段裂隙密度最小，为 0.34 条/m。

　　T2291 综放工作面开采后观测钻孔对应段数字全景摄像发现裂隙 204 条，平均裂隙密度为 0.95 条/m，比开采前平均裂隙密度增加 41.79%，其中原裂隙密度最大的 266.01～314.00 m 段裂隙密度为 1.06 条/m，与采前基本相同，而原裂隙密度最小的 314.01～385.00 m 段裂隙密度为 0.89 条/m，比采前增加 161.76%。

　　由此可见，T2291 综放工作面开采后覆岩运动使 199.65～414.05 m 段岩层裂隙增加，且在原裂隙密度最小段，也是较靠近工作面处的岩层裂隙密度增加明显。

　　（2）开采前、后观测钻孔数字全景摄像段岩层图像对比分析

　　将 T2291 综放工作面开采前、后观测钻孔深 199.65～414.05 m 段的数字全景摄像岩层图像进行对比分析，可以看出工作面开采前、后覆岩的裂隙有明显变化，如图 4-34 至图 4-36 所示，在观测钻孔 6 号测点以上段（203.03～356.50 m）采前较致密的岩层中，工作面开采后产生明显的离层；图 4-37 至图 4-39 反映了 4 号至 6 号测点之间（370.00～401.00 m）采后岩层中裂隙增多、裂隙宽度增大，这为覆岩离层注浆减小地面沉陷的机理研究提供了有力的佐证。

4.4.4.3　T2291 综放工作面开采前、后观测钻孔对比段裂隙发育规律研究

　　（1）T2291 综放工作面开采前、后观测钻孔对比段裂隙统计

　　为研究采后覆岩离层发育程度，对 T2291 综放工作面开采前、后两个钻孔深度 200～400 m 段的岩层内裂隙条数变化和裂隙宽度变化进行统计分析。T2291 综放工作面开采前、后两个钻孔深度 200～400 m 段的岩层内缓倾角裂隙条数（T）与宽度总和（W）数值见表 4-22。表中 ΔT 与 ΔW 分别表示开采前、后裂隙条数（T）与裂隙宽度总和（W）的变化值。

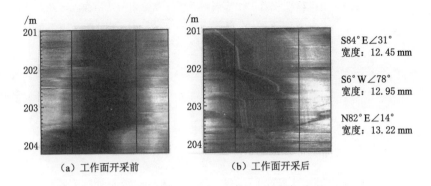

图 4-34　T2291 综放工作面开采前后孔深 203.03 m 处数字全景摄像对比图

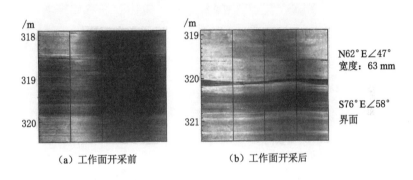

图 4-35　T2291 综放工作面开采前后孔深 320.1 m 处数字全景摄像对比图

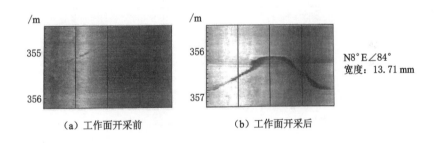

图 4-36　T2291 综放工作面开采前后孔深 356.50 m 处数字全景摄像对比图

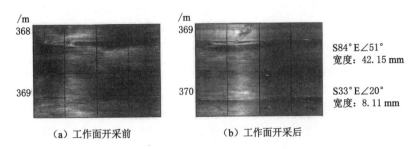

图 4-37　T2291 综放工作面开采前后孔深 370.00 m 处数字全景摄像对比图

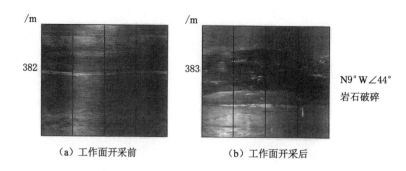

（a）工作面开采前   （b）工作面开采后

图 4-38　T2291 综放工作面开采前后孔深 383.00 m 处数字全景摄像对比图

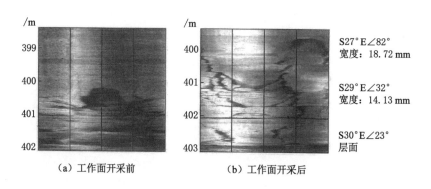

（a）工作面开采前   （b）工作面开采后

图 4-39　T2291 综放工作面开采前后孔深 401.00 m 处数字全景摄像对比图

表 4-22　T2291 综放工作面开采前、后孔深 200～400 m 段缓倾角裂隙统计表

孔深 200～400 m	裂隙条数 T/条		裂隙宽度总和 W/mm		裂隙条数 变化值 ΔT/条	裂隙宽度总和 变化值 ΔW/mm
	采前	采后	采前	采后		
合计	52	58	1 621.3	4 087.6	6	2 466.3

（2）T2291 综放工作面开采前、后观测钻孔对比段裂隙发育规律

由表 4-22 分析得出 T2291 综放工作面开采前、后孔深 200～400 m 段岩层内缓倾角裂隙发育有以下规律：

① 观测钻孔对比段采后岩层裂隙条数增加

T2291 综放工作面开采前孔深 200～400 m 对比段岩层内缓倾角裂隙条数为 52 条，开采后该段钻孔内缓倾角裂隙条数为 58 条，这表明上覆岩层经过采动产生位移、下沉后，覆岩内部产生了新的裂隙，在对比段中裂隙条数增加了 6 条，增加率为 11.54%。

② 观测钻孔对比段采后岩层裂隙宽度增加

T2291 综放工作面开采前孔深 200～400 m 对比段岩层内缓倾角裂隙宽度总和为 1 621.3 mm，开采后该段钻孔内裂隙宽度总和为 4 087.6 mm，这表明经过采动后上覆岩层产生下沉、离层，在对比段岩层中原有裂隙张开度扩大，并产生了新的裂隙，裂隙宽度总和增加了 2 466.3 mm，增加率为 152.12%。

5　采场覆岩离层注浆减沉机理与地表沉陷预计研究

　　采场覆岩离层动态发育规律和注浆减沉机理是注浆减沉技术的理论基础,只有掌握了覆岩离层动态发育规律和注浆减沉机理,才能准确进行注浆钻孔位置、钻孔深度、注浆量和注浆施工时间等注浆方案设计,才能保障注浆工程安全,提高注浆减沉效果。

　　本章的主要研究内容有:采场覆岩结构演变规律、离层注浆减沉机理、覆岩离层空间体积预计方法和注浆减沉条件下地表沉陷预计方法。

　　本章的研究方法和技术路线是根据前文相似材料模拟实验、数值仿真及现场观测等成果,采用弹塑性力学、流体力学和开采沉陷学等理论方法,针对采场覆岩离层和注浆减沉机理的具体问题,建立岩体工程模型,将具体观测成果分析总结提升为一般规律。

5.1　采场上覆岩层结构演变规律分析

　　采场上覆岩层结构演变规律是注浆减沉的重要理论基础,也是采矿工程学科研究的核心工程理论问题之一。为了系统深入地分析采场覆岩结构演变的力学机理和规律,首先分析采场覆岩整体结构的分带特征及其主要影响因素;进而讨论覆岩产生离层的地层条件、力学条件和离层的三种采动状态;再采用弹性力学薄板理论研究岩层断裂的力学机理。

5.1.1　采场覆岩分带特征与影响因素

　　地下开采中走向长壁采煤工作面采宽一般较大,煤层开采后顶板岩层在自重及覆岩垂向压力作用下会发生离层与破坏,这种离层与破坏由下向上逐层发展,使整个上覆岩层的结构发生演变,形成新的覆岩结构形态。

5.1.1.1　采场覆岩分带模型

　　根据采场覆岩的破坏状况与岩层的阻隔水性能,从水体下采煤的角度出发,可将采场覆岩划分为垮落带、断裂带和弯曲带,即经典的覆岩"三带"模型。根据覆岩结构特征与岩层力学特性,考虑岩石力学数值模拟和解析分析的需要,将采场覆岩划分为破裂带、离层带、弯曲带和松散层带,即"四带"模型,如图2-10所示。

　　"四带"模型的最下段为垮落矸石和断裂岩层,这些岩层已丧失结构连续性,只对上部岩层起支撑作用,称为破裂带。破裂带之上各岩层呈分层叠合结构,层面为滑动接触,垂向各层间结构非连续,层向各岩层自身尚具有结构连续性,各自独立弯曲变形,这部分岩层称为离层带。离层带之上各岩层层面保持原有弹性接触和力学结构性质,并以整体形式弯曲下沉,这部分岩层称为弯曲带。地层最上部是独具结构特征和力学性质的松散冲积层,称为松散层带。岩移"四带"模型实质上是将基岩依其破坏后的力学结构特征进行了分带,将基岩视为一种非均质、非连续的各向同性体,将表土层视为非均质、各向异性的不抗拉松散体。

5.1.1.2 采场覆岩结构的主要影响因素

对于开采近水平煤层的走向长壁工作面,工作面开采之后上覆岩层会形成新的覆岩结构,影响采场覆岩结构的主要因素有煤层采厚、工作面采宽、采深、顶板与覆岩岩性等。

当煤层采厚较小,顶板为变形韧性较强的岩层(如石灰岩)和覆岩多为软岩时,可能不会形成垮落带和断裂带。当采厚较大且采深不是太大时,覆岩中有可能不存在弯曲带。

当覆岩中存在岩石强度大、岩层厚度大且结构完整的关键层时,工作面采宽大小决定着关键层是否断裂,从而使采场覆岩呈现完全不同的两种结构状态。

5.1.2 采场覆岩离层分析

采场覆岩离层发育规律是注浆减沉工程的重要理论基础,采场覆岩变形破坏一般是从顶板岩层离层开始的,离层是覆岩整体变形破坏的前提条件。煤矿沉积地层的层状结构、层面间弱黏结特性和各岩层不同的岩石力学性质,是离层形成的地质条件和岩石力学条件。

5.1.2.1 岩层层面间离层方式

含煤地层多为沉积地层,即使是上下相邻的岩层,其沉积年代和沉积环境往往相差很大,致使岩层力学性质差别较大。上下岩层之间的接触面具有弱黏结特性,这种特性在工作面采空区和露天开采的边坡都可以直接观察到。

采场覆岩的离层方式有法向拉裂离层和层向剪切离层两种。当下位岩层的抗弯刚度小于上位岩层时就会产生法向拉裂离层;当两相邻岩层一起弯曲变形时就会产生层向剪切离层。

法向拉裂离层符合拉伸强度准则:

$$\sigma \geqslant C \tag{5.1}$$

式中　σ——下位岩层作用于层面的拉应力,Pa,取 $\sigma = \gamma h$;

γ——岩石的平均重度,N/m³;

h——岩层的厚度,m;

C——层面法向黏结力,Pa。

层向剪切离层符合库仑剪切强度准则:

$$\tau = C + \sigma \tan \varphi \tag{5.2}$$

式中　τ——层面上的剪应力,Pa;

σ——层面上的正应力,Pa;

φ——层面的内摩擦角,(°)。

两层等厚同质复合岩梁在自重作用下横截面上的最大剪应力和最大拉应力分别为:

$$\tau_{\max} = \frac{3}{4} \gamma L \tag{5.3}$$

$$\sigma_{\max} = \frac{3}{4} \frac{\gamma L^2}{h} \tag{5.4}$$

式中　$\tau_{\max}$——梁横截面上的最大剪应力,Pa;

$\sigma_{\max}$——梁横截面上的最大拉应力,Pa;

γ——岩梁的重度,N/m³;

L——梁的跨度,m;

h——梁的高度,m。

5.1.2.2 覆岩离层采动状态

由相似材料模拟实验和现场覆岩离层钻孔岩移观测实验可知,煤层开采后覆岩离层是从煤层顶板开始,逐层或逐个岩层组由下而上发展的。在地表沉陷稳定后,在工作面走向已达到充分采动条件下,根据工作面宽度的不同,覆岩中的离层具有不同的采动充分程度,与地表的采动程度相结合,可将离层的采动状态划分为离层非充分采动、离层充分采动-地表非充分采动与地表充分采动 3 种状态。

对应于离层的 3 种采动状态,上覆岩层内的离层空间将有 3 种分布方式。离层非充分采动时,覆岩内离层较少,采动空间多残存于垮落带和断裂带中;离层充分采动-地表非充分采动时,覆岩内离层能够充分形成,离层层数多,离层缝宽度大,离层带内会残存大量离层空间;地表充分采动时,虽然在采动过程中覆岩内曾经形成过离层或者离层带,但在开采稳定后离层多数都会闭合,其中仅残留少量离层空间。

5.1.2.3 非充分采动条件下采动空间的纵向分布

以唐山矿 T2294 综放工作面开采为实例,该工作面走向长度 1 195 m,倾斜宽度 144 m。周边为未开采煤柱,煤层平均厚度 10.3 m,煤层平均倾角 14°,煤层平均埋深 716 m。离层观测钻孔距离停采线 150 m,离层观测钻孔处煤层的埋深为 721 m,离层观测段深度范围为 395~530 m。

通过地面覆岩离层观测得到观测段范围内岩层残余离层量为 88 mm,观测钻孔孔口地面下沉量为 591 mm,预计采场覆岩垮落带高度为 25~30 m,垮落带矸石膨胀率按 20% 计算,则垮落带矸石膨胀量为 5~6 m,煤层采厚为 10.3 m,则断裂带和离层带下段残存空间为 3.6~4.6 m,如表 5-1、图 5-1 所示。

表 5-1 T2294 综放工作面覆岩运动稳定后残存空间分布表

采厚 /m	垮落带高度 /m	矸石膨胀率 /%	矸石膨胀量 /m	离层量 /mm	地表下沉量 /mm	残存空间 /m
10.3	25~30	20	5~6	88	591	3.6~4.6

5.1.3 岩层矩形薄板弹性分析

5.1.3.1 岩层矩形薄板及其边界条件

采场顶板岩层的第一种变形方式是拉伸离层,离层后的岩层在断裂破坏之前,是一种在自重荷载作用下弹性变形的薄板。因此,在研究岩层断裂破坏之前,应该先建立薄板岩层的力学模型,分析求解岩层的位移场和应力场。离层后的岩层矩形薄板结构如图 5-2 所示。根据开采条件,离层后的岩层矩形薄板的边界条件可分为 5 种,见图 5-3 和图 5-4。

① 矩形薄板四边固定型:采场上下两侧均为未开采煤柱(如唐山矿 T2191 和 T2195 工作面),岩层初次断裂前。

② 矩形薄板三边固定一边自由型:采场上下两侧未采(如唐山矿 T2191 和 T2195 工作面),岩层周期断裂阶段,以及采场一侧未采而另一侧已采,顶板岩层初次断裂前。

③ 矩形薄板相邻两边固定,另两边自由型:采场一侧未采而另一侧已采(如唐山矿

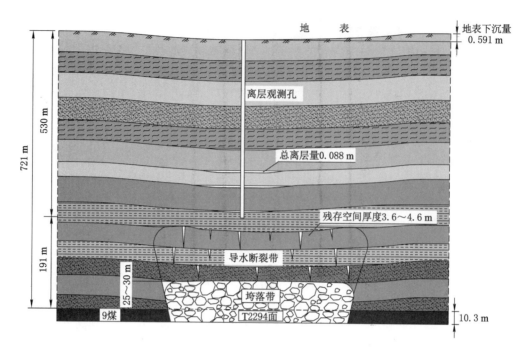

图 5-1　T2294 综放工作面覆岩运动稳定后残存空间分布示意图

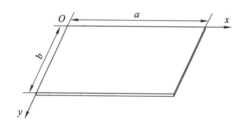

图 5-2　岩层矩形薄板结构示意图

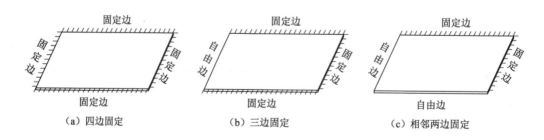

图 5-3　岩层矩形薄板的三种边界条件

T2192、T2194 和 T2193$_\text{上}$工作面),岩层周期断裂阶段,这种情况最多。

④ 矩形薄板相对两边固定,另两边自由型:采场上下两侧已采(如唐山矿 T2193$_\text{下}$工作面),岩层初次断裂前,这种情形可简化为两端固定梁。

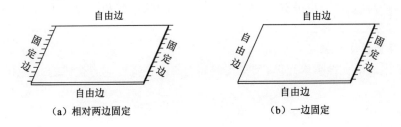

图 5-4 可简化为岩梁的两种边界条件

⑤ 矩形薄板一边固定三边自由型:采场上下两侧已采(如唐山矿 T2193$_\text{上}$工作面),岩层周期断裂阶段。

上述 5 种边界条件中,前 3 种边界条件是弹性力学薄板理论的 3 个经典命题,后 2 种边界条件较为简单,可以分别简化为固定梁和悬臂梁,用材料力学的理论方法就能简单求解。

5.1.3.2 薄板的基本假设

薄板实际上指的是中等厚度板,它区别于薄膜和厚板。板的厚度 h 与板面最小尺寸 b 之比,大约处于如下范围内时就可定义为薄板:

$$(\frac{1}{100} \sim \frac{1}{80}) < \frac{h}{b} < (\frac{1}{8} \sim \frac{1}{5})$$

通常薄板受到两种荷载作用:一是垂直于中面的横向荷载;二是平行于中面的纵向荷载。薄板在横向荷载作用下沿 z 方向的挠度远小于其厚度。薄板变形后,中面弯曲成曲面,称为中曲面或者挠曲面,该曲面发生双向弯曲变形,并伴随扭曲变形。

薄板的小挠度理论采用以下假设:

① 薄板在弯曲时,中面内各点无平行于中面的位移,此面保持中性,即

$$(u_a)_{z=0} = 0 \quad (\alpha = x, y) \tag{5.5}$$

② 薄板变形前垂直于中面的直线段在变形后仍保持直线,并垂直于中曲面,且略去其长度改变量,此假设称为直法线假设,它和梁弯曲时的平面假设相类似。

此时

$$e_{az} = 0, e_z = 0 \tag{5.6}$$

这并不意味着 σ_{az} 为零,因为 σ_{az} 是维持 z 方向平衡所必需的。

③ 垂直于板中面方向的应力 σ_{zz} 远小于 $\sigma_{a\beta}$,因而该应力是次要的应力。

以上即薄板小挠度理论的基本假设。由假设②可知:

$$e_{zz} = u_{zz} = 0 \tag{5.7}$$

积分得

$$u_z = \omega(x, y) \tag{5.8}$$

式(5.8)表明,薄板的挠度 ω 与坐标 z 无关。经推导可得:

$$\sigma_{xx} = -\frac{Ez}{1-\nu^2}(\frac{\partial^2 \omega}{\partial x^2} + \nu \frac{\partial^2 \omega}{\partial y^2}) \tag{5.9}$$

$$\sigma_{yy} = -\frac{Ez}{1-\nu^2}(\frac{\partial^2 \omega}{\partial y^2} + \nu \frac{\partial^2 \omega}{\partial x^2}) \tag{5.10}$$

$$\sigma_{xy} = -\frac{Ez}{1+\nu^2} \frac{\partial^2 \omega}{\partial x \partial y} \tag{5.11}$$

由式(5.9)至式(5.11)可看出,薄板中的所有位移、应变和应力分量均可用挠度 $\omega(x,y)$ 表达,故称它为广义位移。

5.1.3.3 挠曲面微分方程

从薄板中取出一微小单元体,可得其侧面上每单位宽度应力合成的力偶矩:

$$M_{xx} = -D\left(\frac{\partial^2 \omega}{\partial x^2} + \nu \frac{\partial^2 \omega}{\partial y^2}\right) \tag{5.12}$$

$$M_{yy} = -D\left(\frac{\partial^2 \omega}{\partial y^2} + \nu \frac{\partial^2 \omega}{\partial x^2}\right) \tag{5.13}$$

$$M_{xy} = -D(1-\nu)\frac{\partial^2 \omega}{\partial x \partial y} = M_{yx} \tag{5.14}$$

式中,$D = Eh^3/12(1-\nu^2)$,称为板的抗弯刚度;E 为材料的弹性模量;h 为板的厚度;M_{xx} 和 M_{yy} 分别为单位宽度上的 σ_{xx} 和 σ_{yy} 合成的弯矩;M_{xy} 为单位宽度上的 σ_{xy} 合成的扭矩。

推导可得:

$$\left(\frac{\partial^2}{\partial x^2} + \frac{\partial^2}{\partial y^2}\right)\left(\frac{\partial^2 \omega}{\partial x^2} + \frac{\partial^2 \omega}{\partial y^2}\right) = \frac{q}{D} \tag{5.15}$$

此式即薄板挠曲面微分方程,亦称薄板的控制方程。

5.1.3.4 边界条件

求解板的弯曲问题时,位移函数 $\omega(x,y)$ 必须同时满足板的控制方程和给定的边界条件的要求。由于控制方程为一个四阶偏微分方程,因而在每个边界上应给出两个边界条件。

典型的边界条件可分为三类:第一类为几何边界条件,此条件给定了边界上的挠度 ω 和挠曲面斜率 $\partial\omega/\partial n$。第二类为力的边界条件,即在边界上给定横向剪力 Q_α 和力偶矩 $M_{\alpha\beta}$。第三类为混合边界条件,即在边界上同时给定某个几何边界条件和某个力的边界条件。

5.1.3.5 矩形薄板变形挠度方程与最大挠度值

(1) 四边固定的矩形薄板

一个四边固定的矩形板,如图 5-5(a)所示,作用于板的均布荷载为 q,对于这个问题,铁摩辛柯教授利用叠加法得到板的弯曲面挠度方程(曲面函数):

$$\omega = -\frac{8}{\pi^4 abD}\sum_{m=1,3,\cdots}^{\infty}\sum_{n=1,3,\cdots}^{\infty}\frac{1}{\left(\frac{m^2}{a^2}+\frac{n^2}{b^2}\right)^2}\left(\frac{2abq}{mn\pi^2}+\frac{n\pi}{b}\frac{a}{2}E_m+\frac{m\pi}{a}\frac{b}{2}F_n\right)\sin\frac{m\pi x}{a}\sin\frac{n\pi y}{b}$$

$$\tag{5.16}$$

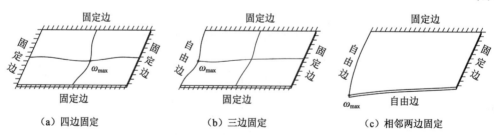

|（a）四边固定|（b）三边固定|（c）相邻两边固定|

图 5-5　三类矩形薄板变形示意图

令 $x=\frac{a}{2}$,$y=\frac{b}{2}$,得出挠曲面上的最大挠度值:

$$\omega_{\max}=-\frac{8}{\pi^4 abD}\sum_{m=1,3,\cdots}^{\infty}\sum_{n=1,3,\cdots}^{\infty}\frac{1}{\left(\frac{m^2}{a^2}+\frac{n^2}{b^2}\right)^2}\left(\frac{2abq}{mn\pi^2}+\frac{n\pi}{b}\frac{a}{2}E_m+\frac{m\pi}{a}\frac{b}{2}F_n\right)\sin\frac{m\pi}{2}\sin\frac{n\pi}{2}$$

$$(5.17)$$

（2）三边固定一边自由的矩形薄板

一个三边固定、一边自由的矩形薄板，如图 5-5(b)所示，受均布荷载 q 的作用，其挠曲面方程为：

$$\omega(\xi,\eta)=-\frac{2q_0}{Da}\sum_{m=1,3,\cdots}^{\infty}\left[(2+\alpha_m b\,\mathrm{cth}\,\alpha_m b)\frac{1}{\mathrm{sh}\,\alpha_m b}\mathrm{sh}\,\alpha_m\eta-\frac{1}{\mathrm{sh}\,\alpha_m b}\alpha_m\eta\,\mathrm{ch}\,\alpha_m\eta-2\frac{\eta}{b}\right]\frac{1}{\alpha_m^5}\sin\alpha_m\xi+$$

$$\frac{1}{2}\sum_{m=1,3,\cdots}^{\infty}\{2+(1-\nu)[\alpha_m b\,\mathrm{cth}\,\alpha_m b-\alpha_m(b-\eta)\mathrm{cth}\,\alpha_m(b-\eta)]\}\frac{c_m}{\mathrm{sh}\,\alpha_m b}\mathrm{sh}\,\alpha_m(b-\eta)\sin\alpha_m\xi+$$

$$\frac{1}{2D}\sum_{n=1,2,\cdots}^{\infty}\left[\frac{\beta_n a}{2\mathrm{ch}^2\frac{1}{2}\beta_n a}\mathrm{sh}\,\beta_n\xi+\mathrm{th}\,\frac{1}{2}\beta_n a\beta_n\xi\,\mathrm{ch}\,\beta_n\xi-\beta_n\xi\,\mathrm{sh}\,\beta_n\xi\right]\frac{A_n}{\beta_n^2}\sin\beta_n\eta+$$

$$\frac{1}{2D}\sum_{m=1,3,\cdots}^{\infty}(\alpha_m b\,\mathrm{cth}\,\alpha_m b-\alpha_m\eta\,\mathrm{cth}\,\alpha_m\eta)\frac{D_m}{\alpha_m^2\,\mathrm{sh}\,\alpha_m b}\mathrm{sh}\,\alpha_m\eta\sin\alpha_m\xi\qquad(5.18)$$

其中，$\alpha_m=\frac{m\pi}{a}$，$\beta_n=\frac{n\pi}{b}$，$D=Eh^3/12(1-\nu^2)$。

令 $\xi=a$，$\eta=\frac{b}{2}$，得出最大挠度值：

$$\omega_{\max}=\frac{1}{2D}\sum_{n=1,3,\cdots}^{\infty}\left[\beta_n a\,\mathrm{th}\,\frac{\beta_n a}{2}+\mathrm{th}\,\frac{1}{2}\beta_n a\beta_n a\,\mathrm{ch}\,\beta_n a-\beta_n a\,\mathrm{sh}\,\beta_n a\right]\frac{A_n}{\beta_n^2}\sin\frac{n\pi}{2}\qquad(5.19)$$

（3）相邻两边固定，另外两边自由的矩形薄板

相邻两边固定，另外两边自由的矩形薄板，如图 5-5(c)所示，受均布荷载 q 的作用，其挠度方程为：

$$\omega=\frac{2q}{Da}\sum_{m=1,2,\cdots}^{\infty}\{1+\frac{1}{2\mathrm{ch}\,\frac{1}{2}\alpha_m b}[\alpha_m(\eta-\frac{b}{2})\mathrm{sh}\,\alpha_m(\eta-\frac{b}{2})-$$

$$(2+\frac{1}{2}\alpha_m b\,\mathrm{th}\,\frac{1}{2}\alpha_m b)\mathrm{ch}\,\alpha_m(\eta-\frac{b}{2})]\}\frac{[1-(-1)^m]}{\alpha_m^5}\sin\alpha_m\xi+$$

$$\frac{1}{2D}\sum_{n=1,2,\cdots}^{\infty}(-\frac{\beta_n a}{\mathrm{sh}^2\,\beta_n a}\mathrm{sh}\,\beta_n\xi+\mathrm{cth}\,\beta_n a\beta_n\xi\,\mathrm{ch}\,\beta_n\xi-\beta_n\xi\,\mathrm{sh}\,\beta_n\xi)\frac{A_n}{\beta_n^2}\sin\beta_n\eta+$$

$$\frac{1}{2D}\sum_{m=1,2,\cdots}^{\infty}(-\frac{\alpha_m b}{\mathrm{sh}^2\,\alpha_m b}\mathrm{sh}\,\alpha_m\eta+\mathrm{cth}\,\alpha_m b\alpha_m\eta\,\mathrm{ch}\,\alpha_m\eta)\frac{c_m}{\alpha_m^2}\sin\alpha_m\xi+$$

$$\frac{1}{2}\sum_{n=1,2,\cdots}^{\infty}[2+(1-\nu)(\beta_n a\,\mathrm{cth}\,\beta_n\xi)]\frac{b_n}{\mathrm{sh}\,\beta_n a}\mathrm{sh}\,\beta_n\xi\sin\beta_n\eta+$$

$$\frac{1}{2}\sum_{m=1,2,\cdots}^{\infty}[2+(1-\nu)(\alpha_m b\,\mathrm{cth}\,\alpha_m b-\alpha_m\eta\,\mathrm{cth}\,\alpha_m\eta)]\frac{d_m}{\mathrm{sh}\,\alpha_m b}\mathrm{sh}\,\alpha_m\eta\sin\alpha_m\xi+\frac{\xi\eta}{ab}k_3$$

$$(5.20)$$

其中，$\alpha_m=\frac{m\pi}{a}$，$\beta_n=\frac{n\pi}{b}$，$D=Eh^3/12(1-\nu^2)$，k_3 为自由角点的挠度。

（4）悬臂梁在均布荷载作用下的挠度方程

$$\omega = \frac{qx^2}{24EI}(x^2 - 4Lx + 6L^2) \tag{5.21}$$

式中　q——梁上的均部荷载，N；

　　　E——材料的弹性模量，Pa；

　　　I——梁的惯性矩，m^4；

　　　L——梁的跨度，m。

令 $x=L$，得出最大挠度值：

$$\omega_{max} = qL^4/(8EI) \tag{5.22}$$

（5）两端固支梁的最大挠度

$$\omega = \frac{qx^2}{24EI}(L^2 - 2Lx + x^2) \tag{5.23}$$

式中，各个变量的物理意义同上。

令 $x=\dfrac{L}{2}$，得出最大挠度值：

$$\omega_{max} = qL^4/(384EI) \tag{5.24}$$

5.1.4　采场上覆岩层断裂分析

5.1.4.1　岩层周期断裂

煤层开采后，采场上覆岩层中多数岩层因岩梁弯曲变形或拉伸应力超过其极限强度而发生断裂破坏，从而使上覆岩层由下至上依次发生下沉，随着岩层弯曲下沉量的逐渐增大，岩层的拉伸变形超过拉伸极限时就会断裂。

采场基本顶的断裂具有周期性，这是由于悬臂梁或简支梁在自身荷载作用下发生断裂破坏时，必须达到一定的跨度。同理，其上部各岩层的断裂也呈现一定规律的周期性。

如果在覆岩垮落带和断裂带范围内没有关键层，上覆各岩层则会按照各自的断裂步距依次发生沉降、断裂和离层；如果在覆岩垮落带和断裂带范围内存在关键层，则顶板覆岩的运动就会完全不同，在关键层的控制作用下，关键层上部一定高度范围内的岩层会与关键层同步沉降和断裂。

5.1.4.2　充分采动条件下的岩层断裂分析

根据概率积分法，沿 x 方向的地表或岩层的倾斜与曲率分别为：

$$i(x) = \frac{W_0}{r}e^{-\pi\frac{x^2}{r^2}} \tag{5.25}$$

$$K(x) = -\frac{2\pi W_0}{r^3}xe^{-\pi\frac{x^2}{r^2}} \tag{5.26}$$

中性层变形后其长度为：

$$l = \int_{-r}^{r}ds = 2\int_{0}^{r}ds = 2\sqrt{1+i^2(x)}\,dx = 2\sqrt{1+\frac{W_0^2}{r^2}e^{\frac{-2\pi x^2}{r^2}}}\,dx \tag{5.27}$$

总结以往矿井地表沉陷观测资料，多数矿井的地表下沉系数一般处于 $0.7\sim0.9$ 之间，在充分采动条件下，对于采深较大的开采条件，如 700 m，不同采厚时的地表及岩层最大下沉量和变形值如表 5-2 所示。对于采厚 10 m 的煤层开采，针对煤层之上 100 m、200 m 与 300 m 高处的顶板岩层，其中性层的最大拉伸率分别为 3.37‰、0.86‰、0.38‰，而由于岩石的极限拉伸率一般仅为0.5‰左右,因此煤层顶板上方200 m范围内的岩层大都会发生拉伸破坏。

表 5-2 地表与顶板不同高度处岩层变形量($q=0.8$)

采厚 /m	最大下沉量 /m	中性层最大拉伸率/‰			岩层最大曲率 /m^{-1}			10 m厚岩层层面 最大拉应变/(mm/m)		
		100 m	300 m	500 m	100 m	300 m	500 m	100 m	300 m	500 m
1.0	0.8	0.034	0.004	0.001	0.388	0.043	0.016	1.940	0.215	0.080
2.5	2.0	0.211	0.024	0.008	0.969	0.109	0.039	4.845	0.545	0.195
5.0	4.0	0.845	0.095	0.034	1.939	0.218	0.079	9.695	1.090	0.395
10.0	8.0	3.373	0.380	0.137	3.878	0.436	0.157	19.390	2.180	0.785

5.1.5 采场覆岩结构模型的动态分类

采场覆岩"三带"模型是根据采场顶板控制和水体下采煤的需要,针对覆岩中断裂岩层的破坏状态和导水性能而进行的分类,岩移"四带"模型则是根据岩石力学数值模拟计算的需要,针对覆岩中岩层自身的连续性以及岩层之间的连续性而进行的分类,这两种覆岩结构模型都是静态的典型模型。

现场工程实践表明,不同煤田或井田的地层结构和覆岩岩性往往差别很大,会形成不同的采场覆岩结构形态。对于覆岩离层注浆减沉工程而言,覆岩结构模型动态分类更有实用价值,采场覆岩结构模型的动态分类要依据覆岩的离层分析和断裂分析。

通过前述采场覆岩离层分析可知,煤层开采后上覆岩层会产生法向拉伸离层和层向剪切离层。由于煤层开采宽度的不同,覆岩中的离层存在三种典型的采动状态,在地表非充分采动条件下,覆岩运动稳定后其内部仍残存大量采动离层空间。由采场覆岩断裂分析得到,上覆岩层的断裂呈现周期性,在厚煤层开采地表充分采动条件下,覆岩中所有岩层都会产生剪切离层。

考虑上覆岩层岩性和关键层的作用,同时考虑覆岩变形的动态过程,可将采场覆岩结构动态模型划分为整体快速下沉模型、分层依次下沉模型、分段周期下沉模型和关键层控制下沉模型四种类型,如图5-6所示。

(1)整体快速下沉模型

一般软岩地层会形成整体快速下沉覆岩结构,如图5-6(a)所示。该结构模型的特征是覆岩岩性软弱,岩层抗弯刚度小;煤层开采过程中覆岩下沉速度快,法向离层产生不明显,从离层产生至闭合的时间短,覆岩整体快速下沉,在推进方向上地表下沉边界紧随井下开采工作面位置的推进而向前转移,覆岩运动稳定后在导水断裂带之上的岩层中很少有残存离层空间存在,地表下沉系数接近1.0,山东龙口矿区地层就属于这种结构类型。

(2)分层依次下沉模型

一般中硬地层会形成分层依次下沉覆岩结构,如图5-6(b)所示。该结构模型的特征是多数岩层岩性中硬,上覆岩层中软、硬岩层相间分布,不存在抗弯刚度很大的关键层。开采过程中上覆岩层依次产生弯曲下沉、离层,法向离层明显,离层从形成至闭合时间较长,覆岩

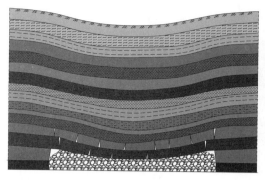

（a）整体快速下沉模型

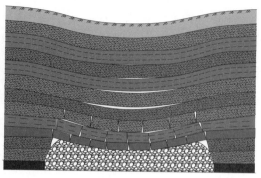

（b）分层依次下沉模型

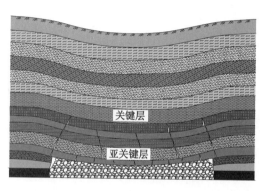

（c）分段周期下沉模型

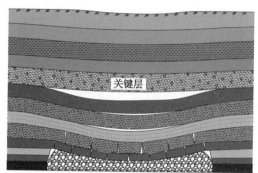

（d）关键层控制下沉模型

图 5-6　采场覆岩结构动态模型示意图

运动稳定后导水断裂带之上岩层中仍残存一定的离层空间,地表下沉系数一般在 0.8～0.9 之间,我国华东、华北地区的多数矿区地层属于这种结构类型。

（3）分段周期下沉模型

坚硬地层会形成分段周期下沉覆岩结构,如图 5-6（c）所示。其特征是覆岩多数坚硬,岩层抗弯刚度普遍较大,在导水断裂带内存在关键层。煤层开采过程中关键层发生周期性断裂,并对其上部较大高度范围的岩层离层和下沉起到主导作用。在关键层之上法向离层不明显,覆岩沉陷稳定后垮落带和导水断裂带范围内仍残存较多离层空间,垮落带和导水断裂带上部覆岩中也会残存一定离层空间,地表下沉系数一般为 0.7～0.8,唐山煤矿铁二采区 T2291 工作面地层属于这种结构类型。

（4）关键层控制下沉模型

当坚硬地层的弯曲带内存在关键层时会形成关键层控制下沉覆岩结构,如图 5-6（d）所示。该结构的特征是上覆岩层中多数岩层坚硬,岩层抗弯刚度普遍较大,在弯曲带内存在关键层,采煤工作面两侧为实体煤柱。煤层开采过程中关键层保持稳定,并对其上部岩层的离层和下沉起到控制作用。在关键层之下存在厚度较大且稳定的离层空间,在关键层之上基本不存在离层,覆岩沉陷稳定后依然如此;地表属于极不充分采动,地表下沉量很小,新汶华丰煤矿地层属于这种结构类型。

5.2　采场覆岩离层带注浆减沉机理研究

在上一节中讨论了采场覆岩结构的演变规律,这是在不注浆条件下的覆岩变形破坏规律。在离层注浆减沉条件下,覆岩变形破坏规律将受到注浆浆液压力的力学作用和充填压实湿灰体的充填作用的影响,覆岩变形破坏规律则有很大不同。本节将在前文研究的基础上,通过分析覆岩离层注浆条件下承压浆液的力学作用、覆岩离层发育规律、注浆浆液流动规律以及灰体沉积形态等内容,研究探索覆岩离层注浆减沉的机理。

5.2.1　注浆压力的概念

5.2.1.1　注浆压力变化曲线

离层注浆工程实践表明,对应离层的发展过程,在注浆流量一定的条件下,注浆压力要经历前期无压和后期压力递增的变化过程,如图 5-7 所示的 T2192 工作面 1 号钻孔注浆压力变化过程。无压注浆阶段对应离层空间的快速增大过程,压力递增阶段对应离层空间体积减小的过程。

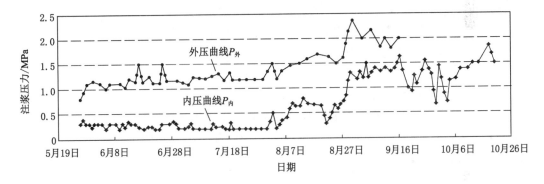

图 5-7　T2192 工作面 1 号钻孔注浆压力变化曲线

5.2.1.2　注浆压力的含义

注浆系统中不同位置的注浆压力是不同的,主要有离层内的压力 $P_{离}$,注浆钻孔孔口压力 $P_{孔口}$,注浆泵的出口压力 $P_{泵}$,如图 5-8 所示。

唐山矿铁二采区注浆采用钻孔内注浆管内、外同时注浆的方式,而且各连接不同的地面输浆管路和不同的两组泵。这样在注浆站可观测到两组泵不同的注浆压力 $P_{内}$ 和 $P_{外}$,它们是两组泵各自的出口泵压 $P_{泵}$。

所谓有注浆压力,是指注浆钻孔的孔口压力 $P_{孔口} > 0$。形成注浆压力的条件是离层空间内已充满浆液,而且满足下面的条件:

$$V_{浆} \geqslant V_{离} + Q_{水} \tag{5.28}$$

式中　$V_{浆}$——单位时间内的注浆量,$\mathrm{m^3/h}$;

$\quad\quad V_{离}$——单位时间内新生成的离层空间体积,$\mathrm{m^3/h}$;

$\quad\quad Q_{水}$——单位时间内由离层空间渗流出去的水量,$\mathrm{m^3/h}$。

在有压注浆阶段,离层内的压力 $P_{离}$、注浆钻孔孔口压力 $P_{孔口}$ 和注浆泵的出口压力 $P_{泵}$

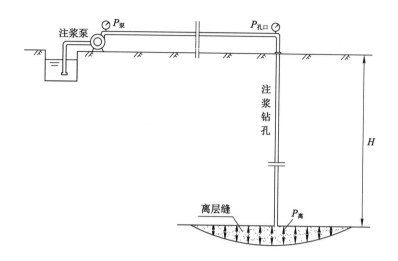

图 5-8　注浆压力示意图

之间满足以下关系：

$$P_{孔口} = P_{泵} - P_{mi} \tag{5.29}$$

$$P_{离} = P_{泵} - P_{mi} + \gamma_{浆} H \tag{5.30}$$

式中　P_{mi}——输浆管路阻力，MPa；

　　　$\gamma_{浆}$——注浆浆液重度，N/m³；

　　　H——离层位置的深度，m。

在铁二采区注浆的过程中，两套注浆系统即两套注浆泵和注浆管路分别连接着钻孔内注浆管的孔内和孔外。注浆钻孔孔口处和离层缝内的注浆压力相同，所不同的只有输浆管路阻力（P_{mi} 和 P'_{mi}），输浆管路阻力取决于管径、流量和浆液性质等，输浆管路阻力的计算公式为：

$$P_{mi} = \lambda \frac{l}{d} \frac{\rho v^2}{2} = R_m l \tag{5.31}$$

式中　λ——摩擦阻力系数，对于紊流区 $Re > 4\,000$，$\lambda = 0.11 \left[\dfrac{68}{Re} + \dfrac{K}{d} \right]^{0.25}$；

　　　Re——雷诺数；

　　　K——输浆管路绝对粗糙度；

　　　l——输浆管路长度，m；

　　　d——输浆管道直径或者当量直径，m；

　　　ρ——浆液密度，kg/m³；

　　　v——浆液流动速度，m/s；

　　　R_m——单位长度管路摩擦阻力，Pa。

5.2.2　离层内承压浆液的力学作用

离层内承压浆液的压力 $P_{离}$ 应按式（5.30）计算。当注浆量充足钻孔内浆液高度达到钻孔孔口时，注浆站的泵压仅用于克服地面输浆管路的阻力，则离层内的浆液压力 $P_{离} = \gamma H$。

唐山矿铁二采区注浆浆液的重度一般为 11.56 kN/m³,注浆层位深度一般大于 400 m,按离层位置深度 400 m 计算,此时覆岩离层缝内浆液的压力应该等于钻孔内浆液液柱形成的压力,即 $P_{离} = \gamma H = 11.56 \times 10^3 \times 400 \times 10^{-6} = 4.6$(MPa)。

采场覆岩离层空间的形状一般呈上凹下凸的透镜状,如图 5-9 所示。承压浆液的压力 $P_{离}$ 的作用方向主要有向上、向下和水平方向 3 个,向上的浆液压力对离层上部岩层起到支托作用,阻止上部岩层下沉,从而起到减小地表沉陷的作用;向下的浆液压力对离层下部岩层起到压实作用,使离层空间进一步扩大而注入更多的承压浆夜,并持续对离层上部岩层起到支托作用;同时,承压浆液的水平力学作用向离层空间的四周边缘施压,像楔子一样将岩层撑开,称之为水楔作用,起到促进离层扩展的作用,同样使离层空间进一步扩大而注入更多的承压浆液,持续对离层上部岩层起到支托作用。承压浆液的力学作用如图 5-10 所示。

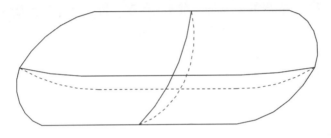

图 5-9　采场覆岩离层形态示意图

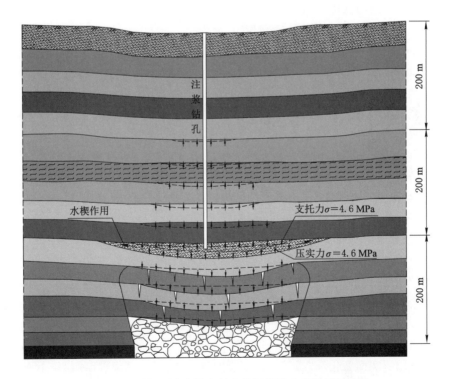

图 5-10　采场覆岩离层空间内承压浆液力学作用示意图

5.2.2.1 承压浆液对上部岩层的支托作用

仍以覆岩离层处埋深 400 m 为例,钻孔浆液作用在离层处的压力高达 4.6 MPa＋$P_{孔口}$,当注浆浆液充满钻孔时,浆液的支托力能够支托起离层位置之上一半厚度覆岩的重力。在连续大流量注浆条件下,承压浆液的支托力能够也必然会有效地阻止其上部岩层的下沉和离层。承压浆液对上部岩层的支托作用在开滦范各庄矿覆岩离层注浆减沉综放开采沙河公路桥和铁路桥保护煤柱的实践中得到证实。

① 开滦范各庄矿覆岩离层注浆减沉综放开采沙河公路桥保护煤柱实践中,冲积层底部注浆充填造成地表隆起现象,证实承压浆液对上部岩层的支托作用。

开滦范各庄矿井田第四系冲积层中含 4～5 层黏土层,特别是冲积层底部的黏土层隔断了冲积层与基岩的水力联系,具有良好的封闭性。在沙河公路桥保护煤柱覆岩离层注浆减沉综放开采实施过程中,发现沙河公路桥东北侧的东小树林处有地表隆起的现象,隆起中心位于公路桥东北方向 210 m 处,隆起高度最高达 2.7 m,体积约 9 900 m³。分析原因为,注浆钻孔受采动影响,钻孔内注浆管在基岩面处断裂,浆液窜入冲积层底部,造成地表隆起,并导致该处沙河河床抬高而影响河水下泄,被迫进行河道开挖才恢复流水。其承压浆液对上部岩层的支托作用可用以下公式表示:

$$P_{冲} = \gamma H + P_{孔口} \geqslant \gamma_{冲} H \tag{5.32}$$

式中　$P_{冲}$——冲积层底部的浆液压力,MPa;

　　　γ——注浆浆液重度,可取 11.56 kN/m³;

　　　H——冲积层底部埋深,m;

　　　$P_{孔口}$——注浆钻孔孔口处的注浆压力,MPa;

　　　$\gamma_{冲}$——冲积层重度,kN/m³。

② 开滦范各庄矿覆岩离层注浆减沉综放开采沙河铁路桥保护煤柱实践中,在冲积层底部注浆控制和抬升铁路桥,证实承压浆液对上部岩层的支托作用。

范各庄矿在覆岩离层注浆减沉综放开采沙河铁路桥保护煤柱的实践中,受沙河公路桥保护煤柱开采出现的冲积层底部注浆使地表隆起的启发,为弥补覆岩离层注浆量的不足,对冲积层底部进行注浆充填作为补充。观测数据显示,冲积层底部注浆调节作用明显,不仅控制了铁路桥的下沉,还使其上升了 0.104 m,此后继续进行冲积层底部注浆充填,到 2013 年 1 月 23 日铁路桥累计抬升达 0.251 m,此时铁路桥最大下沉值仅为 1.138 m,比预计值 3.561 m 减小 2.423 m,减沉率达到 68.04%。

5.2.2.2 承压浆液对下部岩层的压实作用

覆岩离层内的承压浆液对其下部岩层也施加着同样大小的向下的压应力。下部垮落带和断裂带内的岩层已经断裂,下部岩层的抗弯能力较小,在承压浆液压力作用下,离层下部各岩层将很快被压实,这样,会使正在注浆的离层缝宽度进一步扩大。

承压浆液向下的压力在具备三个条件时,其压实作用会十分突出:一是承压浆液的压力值大;二是离层下部岩层抗弯能力很小;三是注浆浆液始终充满钻孔时,其承压浆液压力不会因下部岩层的压实而变化,而是随下部岩层的压实下沉始终"跟进"并保持不变,从而将减小上部岩层滞后的下沉。

5.2.2.3 承压浆液对离层边缘的水楔作用

承压浆液的另一个作用是对离层缝边缘的水楔作用,即在承压浆液压力的作用下,离层缝边缘将被撑开,承压浆液会像一个"楔子"一样,通过注浆压力去撑开还未离开的层面。承压浆液压力的持续作用会不断地撑裂或撕裂岩层层面,始终在扩展着离层的面积与空间,离层缝扩展速度更快、扩展范围更大,使"跟进"注入的承压浆液充满离层空间。

5.2.3　采场覆岩离层注浆浆液流动规律

5.2.3.1　覆岩离层注浆纵向流动范围

注浆浆液在覆岩纵向的流动范围取决于两个因素:一个是覆岩离层的纵向发育高度;另一个是注浆钻孔的结构。

(1)覆岩离层的纵向发育高度因素

由覆岩变形破坏规律分析可知,在厚煤层一次采全厚、覆岩不存在起控制作用的关键层且地表接近充分采动的条件下,覆岩离层会发展到基岩的最上部一个岩层,这就决定了注浆浆液在覆岩纵向的流动范围。

(2)注浆钻孔结构因素

针对覆岩离层产生和发育特点,要求注浆钻孔结构能服务于覆岩离层产生、发展、闭合的全过程,以提高注浆减沉的效果。为使注浆浆液能够注入覆岩的所有离层,注浆钻孔的结构设计应让注浆浆液流动的纵向范围扩展至覆岩的所有离层,即对钻孔深度范围内的基岩全段注浆,以提高注浆减沉率,如图5-11所示。

图5-11中,注浆钻孔的结构由上至下分为松散层固井段、基岩钢管护壁段和花管护壁注浆段3部分。注浆钻孔内布置一根注浆管,在注浆管内外同时注浆。这种结构方式使浆液由花管小孔进入花管与孔壁之间的环形空间,并在环形空间内逐渐上升至基岩顶部。所以浆液流动的纵向范围为由注浆钻孔孔底至基岩顶部范围内所有的离层,即钻孔深度范围内的基岩全段注浆,简称为"全段注浆"。

5.2.3.2　覆岩离层注浆层向流动范围

钻孔注浆浆液在覆岩离层层面上流动范围主要取决于离层空间的高度和注浆压力。很显然,离层空间的高度越大,离层空间底部沉积的粉煤灰层对浆液流动的阻碍越小,越有利于浆液流动,层向注浆范围就越大;而注浆压力越大,其水平方向上的水楔作用越明显,这将扩大浆液在覆岩离层层面的流动范围。

(1)影响覆岩离层空间的因素分析

决定覆岩离层空间的主要因素有5个:工作面采厚M、工作面宽度D_1、离层层位高度h_1、覆岩结构和采用的注浆工艺。

采厚越大,覆岩离层空间就越大;走向长壁工作面倾斜宽度越大且地层中有控制性关键层时,覆岩离层空间就越大;采用"有压连续注浆"工艺时,承压浆液的力学作用能够保持和扩大离层空间,具备这些因素时注浆钻孔的层向注浆范围就会更大。

(2)覆岩离层注浆层向流动范围分析

覆岩离层钻孔注浆的层向流动范围可用两个参数来描述:一个是沿工作面开采推进方向的注浆范围R_1;另一个是反方向一侧的注浆范围R_2。由于工作面开采推进方向一侧的离层在逐渐扩大,反方向一侧的离层在逐渐闭合,所以$R_1 > R_2$。

根据开滦唐山矿覆岩离层注浆特厚煤层综放开采的工程实践,在钻孔注浆的整个过程中,工作面推进长度一般为300 m,可以认为这就是推进方向的注浆范围,即$R_1 = 300$ m,这

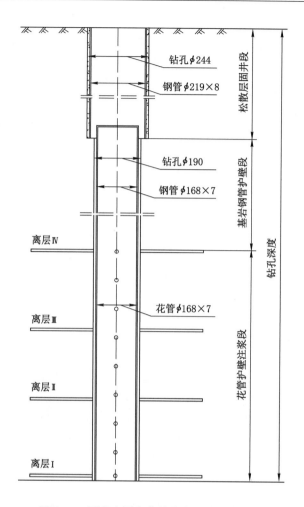

图 5-11　覆岩离层注浆钻孔全段结构示意图

个值比以往的估计值要大。这是因为铁二采区采厚较大,单个工作面开采地表和注浆层位都处于非充分采动状态,所以离层缝宽度必然较大;而且单个工作面开采时覆岩移动稳定后,在不注浆条件下会有长期稳定的残存离层缝存在,采用"有压连续注浆"工艺能够控制离层缝的闭合速度。

在唐山矿开采地质条件下,考虑离层缝宽度与采厚呈线性关系,注浆范围 R_1 又随离层缝宽度的增加而增大,覆岩离层注浆层向注浆范围与工作面采高之间可建立如下经验公式:

$$R_1 = 90\sqrt{M} \tag{5.33}$$

式中　R_1——工作面推进方向的注浆范围,m;

　　　M——工作面采高,m。

工作面推进反方向一侧的注浆范围 R_2 可近似按 R_1 的 50% 计算,其表达式为:

$$R_2 \approx R_1/2 \tag{5.34}$$

5.2.3.3　覆岩离层空间注浆后粉煤灰的沉积形态

(1)注浆浆液在覆岩离层空间内流动过程

在注浆压力的作用下,注浆浆液在覆岩离层空间内向注浆钻孔四周扩散,离层缝内注浆浆液流动过程如图 5-12 所示,图中的①、②、③、④、⑤、⑥和箭头表示浆液在覆岩离层空间内流动的先后顺序和方向。

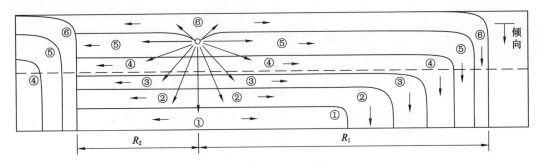

图 5-12　覆岩离层空间内浆液流动过程示意图

（2）粉煤灰浆液在离层空间内沉积过程

由于上覆岩层具有一定的倾角,所以钻孔注浆初期浆液必然沿倾向流动,覆岩离层空间的倾向一侧首先开始逐渐沉积灰层,随着注浆浆液的增加,浆液逐渐向走向两侧和倾向上方流动,粉煤灰沉积的范围不断扩展,如图 5-13(a)所示。

当粉煤灰堆积高度接近注浆钻孔孔底时,注浆钻孔孔底的灰层将堆积成如图 5-13(b)所示的形态,钻孔孔底沉积的粉煤灰形成浆液冲击凹坑,冲击凹坑周围是粉煤灰堆积台,四周粉煤灰沉积的表面因浆液流动形成一定的坡度。而后的注浆浆液沿粉煤灰沉积的表面流动,当粉煤灰沉积层增厚且与离层上位岩层的空间变窄时,浆液流动阻力逐渐增大;如果覆岩离层上位岩层发生沉降且离层空间被压缩,浆液流动阻力会随之急增,最终阻力大于注浆压力,致使该钻孔不能对覆岩离层注浆而被迫终止。

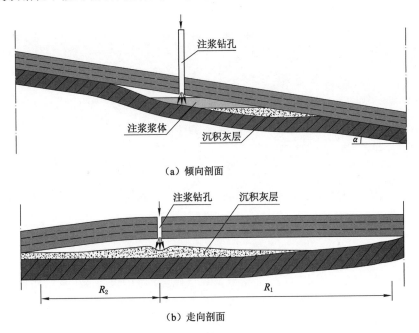

（a）倾向剖面

（b）走向剖面

图 5-13　覆岩离层空间内粉煤灰沉积示意图

综上所述,覆岩离层空间内粉煤灰沉积灰层的沉积过程为:在倾向断面上首先沉积于下山方向一侧,随注浆量的增加,沉积灰层逐渐增厚并逐渐向走向两侧和上山方向扩展,从而在离层空间内下山方向一侧粉煤灰呈走向条带状沉积;此后随注浆量的继续增加,走向条带状粉煤灰沉积层逐渐加宽;当注浆结束后,覆岩离层空间内粉煤灰沉积层的形态与离层空间形态近似,即呈上凹下凸的透镜状,如图 5-14 所示。

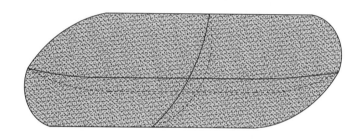

图 5-14　覆岩离层空间内粉煤灰沉积层形态示意图

5.2.3.4　机井与注浆钻孔孔口冒浆机理分析

在铁二采区注浆过程中,曾经先后多次出现地面农用机井冒浆和注浆钻孔孔口井壁外冒浆现象。在 T2192 综放工作面 3 号注浆钻孔注浆过程中,靠近注浆钻孔的岳各庄两眼废弃机井于 2004 年 3 月 21 日产生冒浆现象,致使 3 号注浆钻孔注浆工作被迫中断而封堵机井,地面冒浆情况如图 5-15 所示。在 T2193下综放工作面 4 号钻孔注浆过程中,靠近 4 号钻孔的一眼废弃机井于 2007 年 10 月上旬同样出现了冒浆现象,地面冒浆情况如图 5-16 所示。研究注浆区域废弃机井及注浆钻孔孔口冒浆机理,对于防治正常注浆过程中发生的冒浆危害和保障注浆工程的连续性都十分必要。

(a)　　　　　　　　　　　　　　　(b)

图 5-15　T2192 综放工作面 3 号钻孔注浆时机井冒浆照片

根据地质资料,T2192 综放工作面松散冲积层厚度约为 195 m,注浆钻孔松散层固井段深度为 220 m。经过调研,两眼冒浆废弃机井的深度为 80～120 m,机井至注浆钻孔水平距离约为 100 m。那么,注浆钻孔或离层带中的浆液是通过什么路径进入废弃机井的,这是问题的关键所在。

(a)　　　　　　　　　　　　　　　(b)

图 5-16　T2193_下综放工作面 4 号钻孔注浆时机井冒浆照片

实施注浆的离层空间一般多处于基岩深部,即使是在基岩的最上部存在实施注浆的离层空间,其深度一般也都大于 200 m,离层空间内的浆液若要穿过厚度 80～120 m 的第四系松散冲积层进入机井,其可能性极小,因为松散冲积层下部有多层隔水层和含水层,松散冲积层的结构如图 5-17 所示。

废弃机井冒浆浆液的来源还存在一条可能的途径,那就是浆液首先由注浆钻孔基岩段的护壁钢管外侧沿钻孔上升,进入松散冲积层固井段的钢管外侧,然后沿松散冲积层中的含水层水平流动进入废弃机井,从而引起废弃机井冒浆。

T2192 综放工作面 3 号注浆钻孔在 2004 年 3 月 21 日废弃机井发生冒浆之前的注浆压力为 3 MPa,注浆压力较大。此时,井下采煤工作面已经推过 3 号注浆钻孔 350 m,地表变形最大下沉值约为 1.69 m,覆岩和地表变形很可能会造成松散冲积层固井段钢管外侧出现变形缝隙,这就为注浆浆液沿钻孔的上升提供了通道,冒浆途径如图 5-18 所示。

5.2.4　采场覆岩离层注浆减沉机理

通过地面钻孔对覆岩离层进行注浆,注入离层内的是粉煤灰浆液,这些粉煤灰浆液是如何对减小地表沉陷起作用的呢? 通过理论研究和开滦唐山矿京山铁路煤柱覆岩离层注浆综放开采首采区的实践,揭示了覆岩离层注浆减沉机理。

通过地面钻孔注入覆岩离层带内的粉煤灰浆液,在充满覆岩离层空间后,由于承压浆液的力学作用,对离层上部岩层起到支托作用,阻止了覆岩离层向上的发展。而粉煤灰浆液中的粉煤灰颗粒很快就会离析,在 3～5 min 之内就会沉淀在离层空间的底部,形成水分饱和的粉煤灰体,称为饱和水灰体。在覆岩压力作用下,饱和水灰体析出的注浆水通过岩层裂隙及孔隙渗流到相邻岩层中,此时沉淀在离层中的饱和水灰体将会失去部分水分,最终形成含有一定水分的压实湿粉煤灰体,简称压实灰。压实灰将永久充填在覆岩离层空间中,支撑上覆岩层,起到控制上覆岩层下沉与减小地表沉陷的作用。另外,当覆岩中存在含有黏土矿物的泥岩和页岩等软弱岩层时,软岩吸水膨胀特性也能起到一定的减沉作用。

综上所述,覆岩离层注浆的减沉机理可以归纳为 4 个方面:承压浆液支托减沉机理、压实灰充填减沉机理、压实灰支撑减沉机理和软岩吸水膨胀减沉机理。

地层	岩层柱状	层序	累计深度/m	层厚/m	岩层名称及颜色
第四系冲积层		1	6.81	6.81	砂黏土
		2	20.96	14.15	砂含砾
		3	29.32	8.36	黏土含砾
		4	46.50	17.18	砂含砾
		5	56.83	10.33	砂黏土
		6	61.03	4.20	砂含砾
		7	62.48	1.45	黏土
		8	66.28	3.80	黏土含砾
		9	73.61	7.33	砂土
		10	85.19	11.58	黏土
		11	123.94	38.75	灰色砂
		12	179.56	55.62	卵石
		13	182.81	3.25	黄色细砂岩
二叠系		14	189.88	7.07	紫灰色中粒砂岩
		15	196.72	6.84	紫色页岩
		16	200.00	3.28	紫色粗砂岩

（a）岳2孔

图 5-17　T2192 综放工作面松散冲积层结构图

地层	岩层柱状	层序	累计深度/m	层厚/m	岩层名称及颜色
第四系	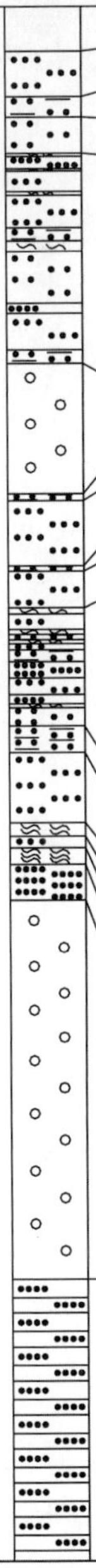	1	5.9	5.9	
		2	11.9	6.0	细砂
		3	14.6	2.7	砂土
		4	19.4	4.8	中砂
		5 ～ 16	47.1		5层,厚0.4 m,黏土; 6层,厚1.6 m,粉砂; 7层,厚0.3 m,黏土; 8层,厚2.7 m,细砂; 9层,厚0.5 m,黏土; 10层,厚4.3 m,细砂; 11层,厚1.7 m,砂土; 12层,厚1.4 m,黏土; 13层,厚6.9 m,中砂; 14层,厚1.3 m,粉砂; 15层,厚4.8 m,细砂; 16层,厚1.8 m,砂土
		17	64.3	17.2	卵石
		18	65.2	0.9	砂土
		19	73.8	8.6	细砂
		20	74.5	0.7	砂土
		21	79.4	4.9	细砂
		22 ～ 33	94.9		22层,厚0.8 m,黏土; 23层,厚2 m,细砂; 24层,厚0.7 m,黏土; 25层,厚0.7 m,砂土; 26层,厚0.5 m,黏土; 27层,厚0.8 m,细砂; 28层,厚1.6 m,砂土; 29层,厚2.1 m,粉砂; 30层,厚2.2 m,细砂; 31层,厚1.2 m,粉砂; 32层,厚0.5 m,黏土; 33层,厚2.4 m,中砂
		34	98.4	3.5	砂土
		35	107.7	9.3	细砂
		36	109.5	1.8	黏土
		37	111.0	1.5	细砂
		38	113.2	2.2	黏土
		39	117.9	4.7	粉砂
		40	167.9	50.0	卵石
上二叠系		41	200.0	32.1	粉细砂岩

(b) 山岳补-4孔

图 5-17(续)

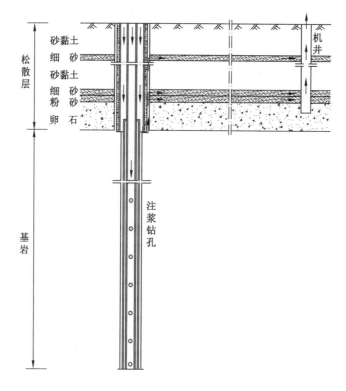

图 5-18　废弃机井冒浆途径示意图

5.2.4.1　承压浆液支托减沉机理

承压浆液支托减沉机理是指随着工作面的推进,采场覆岩离层将经历产生—发展—闭合的过程,当地面钻孔注浆能及时跟随覆岩离层产生—发展—闭合的过程,注入浆液体积又能与覆岩离层的发育空间同步匹配时,则承压浆液将对离层空间上部的岩层起到支托作用,阻止覆岩离层进一步向上发展,此为承压浆液支托减沉机理。

5.2.4.2　压实灰充填减沉机理

所谓压实灰充填减沉机理是指承压浆液在覆岩压力作用下,承压浆液中析出的注浆水通过岩层裂隙及孔隙渗流到相邻岩层中,最终剩余的压实湿粉煤灰体将永久充填在覆岩离层的空间内,从而减小离层上部岩层的下沉量,发挥充填减沉的作用。离层内每充填单位体积的压实灰,地表将对应地减小单位体积的沉陷量。

5.2.4.3　压实灰支撑减沉机理

所谓压实灰支撑减沉机理是指在倾斜煤层走向长壁工作面开采时,覆岩中产生的离层缝也是倾斜的,注入离层空间的粉煤灰浆液首先会从下山方向一侧开始沉积成饱和水灰体,后经上覆岩层压实形成压实灰,上山一侧则往往会存在一定的残余离层空间。压实灰体仅充填部分离层空间体积,形成走向压实灰条带,支撑上部岩层,使上部岩层不再下沉和离层。这种走向压实灰条带的支撑作用,使地表减小的沉陷体积要大于离层空间内充填的压实灰体积。

以开滦唐山矿京山铁路煤柱覆岩离层注浆综放开采首采区为例,首采区内沿煤层倾向划分了 6 个工作面。根据上述分析,在每个工作面的覆岩离层空间中压实灰仅充填了下山方向一侧大部分离层空间体积,上山方向一侧会存在一定的残余离层空间,很难沉积满压实灰。在整个首采区 6 个工作面覆岩离层注浆综放开采后,在上覆岩层的离层空间中,就会形成一个呈条带状分布的压实灰体,共同对上部岩层起到支撑作用,其支撑减沉原理如图 5-19和图 5-20 所示。

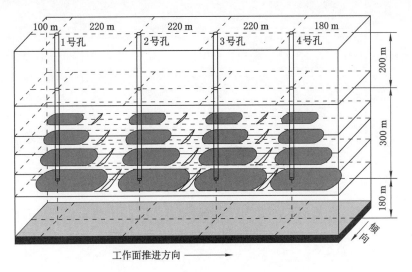

图 5-19　离层内压实灰与残余空间示意图

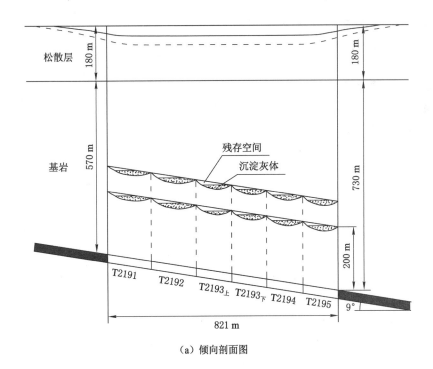

（a）倾向剖面图

图 5-20　离层内压实灰分布示意图

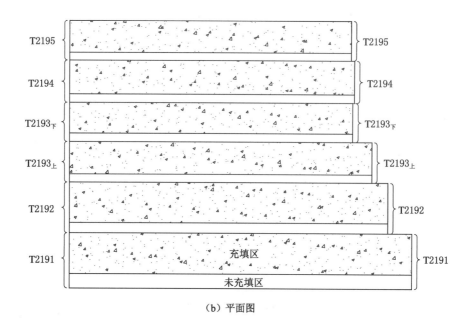

（b）平面图

图 5-20（续）

5.2.4.4　软岩吸水膨胀减沉机理

所谓软岩吸水膨胀减沉机理,是指若采场覆岩中存在含有黏土矿物的软岩,由于软岩吸水率高、膨胀性显著,覆岩离层注浆后软岩吸收浆液中的离析水而发生膨胀,从而起到一定的减沉作用。

以开滦唐山矿京山铁路煤柱覆岩离层注浆综放开采首采区为例,其采区内的"山岳补-4"钻孔岩芯揭露,8-9 煤合区煤层覆岩内共有黏土类岩层 8 层,累计厚度为 74.17 m,黏土类岩层统计如表 5-3 所示。

表 5-3　首采区"山岳补-4"钻孔岩芯揭露黏土类岩层统计表

层号	深度/m	岩性	层厚/m
1	346.4	泥岩	7.10
2	384.3	泥岩	6.22
3	463.7	黏土岩、粉砂岩	10.88
4	473.9	细砂岩、黏土岩	10.29
5	497.6	黏土岩	4.73
6	503.3	黏土岩	5.64
7	530.1	砂质黏土岩	20.69
8	568.4	砂质黏土岩	8.62
累计	—	—	74.17

实测 8-9 煤合区煤层覆岩中黏土矿物成分见表 5-4 和表 5-5,黏土矿物微观结构如图 5-21所示。覆岩中存在的这些黏土类岩层在覆岩离层注浆过程中吸水后体积发生膨胀,具有一定的减小地表沉陷的作用。

表 5-4 唐山矿首采区 8-9 煤层覆岩黏土矿物成分测试成果

岩样编号	黏土矿物种类与含量/%								黏土矿物总量/%
	石英	钾长石	斜长石	方解石	白云石	石盐	黄铁矿	菱铁矿	
岩样 1	25.9	—	16.3	—	2.3	1.0	0.6	—	46.1
岩样 2	49.8	1.4	0.2	0.8	3.4	—	—	5.9	61.5

表 5-5 唐山矿首采区 8-9 煤层覆岩黏土矿物组成测试成果

岩样编号	伊利石/蒙脱石/%	伊利石/%	高岭石/%	绿泥石/%	合计/%
岩样 1	96	—	3	1	100
岩样 2	57	9	28	6	100

（a）粒间高岭石及片状C/S混层,自生石英晶体

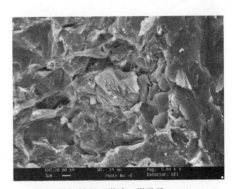

（b）粒间钠长石淋滤,微孔隙1～10 μm

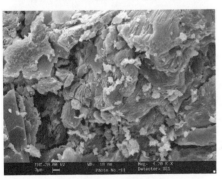

（c）长石淋滤,次生孔隙3～10 μm

（d）粒间片状高岭石

图 5-21 唐山矿首采区 8-9 煤层覆岩黏土矿物微观结构图

（e）粒表，粒间大量束状方解石颗粒

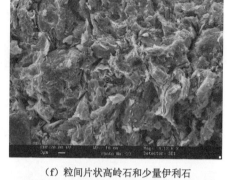
（f）粒间片状高岭石和少量伊利石

（g）长石淋滤，溶孔中丝状伊利石

（h）粒间片状高岭石

图 5-21（续）

唐山矿铁二采区注浆减沉工程实践表明，104.9％的注浆比和 25.3％的注灰比能够达到 51.5％的减沉率，这主要是由于采用全段高多离层层位注浆技术，注浆后压实灰体主要集中在注浆钻孔周边。煤层覆岩中的坚硬岩层具有较大的抗弯刚度，注浆结束岩层沉降稳定后，在离层层位内即使是没有或很少有压实灰的区域，覆岩在自身刚度作用下也不会完全沉降，覆岩中可以残留较多的离层空间，这就是压实灰对其上部岩层能起到支撑作用。覆岩中存在多层含有黏土矿物的软岩，注浆后软岩吸水膨胀也能起到一定的减沉作用。

5.3 采场覆岩离层空间体积与最大允许注浆量预计

在一定的采场覆岩地层条件下，采用不同的注浆减沉工艺，会对离层空间体积产生不同的影响。研究连续有压注浆条件下的离层空间体积与最大允许注浆量，对采场覆岩离层注浆减沉工程具有重要的理论意义和工程实用价值。

5.3.1 采场覆岩离层空间体积影响因素

5.3.1.1 影响采场覆岩离层空间体积的因素分析

由前述综放开采覆岩移动变形与离层发育规律实测研究得知，离层空间体积主要影响因素有煤层采高、工作面采宽、离层层位高度和岩层抗弯刚度等。这些因素的影响主要体现在以下几个方面。

① 离层空间的法向高度与煤层采高成正比。

② 离层空间的倾向宽度与工作面的采宽成对应关系。

③ 离层层位越低,则离层空间体积越大。

④ 离层上位岩层与下位岩层抗弯刚度的比值越大,则离层空间体积越大。

5.3.1.2 采场覆岩离层空间体积与注浆工艺的关系

在一定的采场覆岩地层条件下,采用不同的注浆减沉工艺会对覆岩离层空间体积产生不同的影响。

① 如采用非连续无压注浆工艺,则注浆浆液的压力低,其产生的力学作用小,覆岩中离层空间体积较小。

② 如采用连续有压注浆工艺,由于承压浆液的支托作用、压实作用和水楔作用,覆岩离层空间的体积则大得多。

5.3.2 采场覆岩离层空间断面形态

由前述综放开采覆岩离层发育规律实测研究可知,从覆岩岩性角度出发,离层的产生是由于离层处上位岩层与下位岩层刚度不匹配,下位岩层的抗弯刚度相比上位岩层要小,下位岩层弯曲沉降幅度比上位岩层要大,因而在两个岩层的分界面间出现离层空间,离层空间断面形态如图 5-22 所示,其中 W_0 表示离层下位岩层弯曲下沉值,y_0 表示离层上位岩层弯曲下沉值,离层空间形态近似呈碟形。

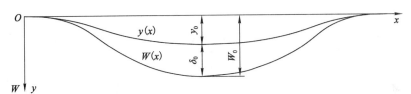

图 5-22 采场覆岩离层空间断面形态示意图

5.3.3 采场覆岩离层空间下位岩层下沉曲线

采用连续有压注浆工艺时,离层空间下位岩层在承压浆液的液压作用和自身重力作用下发生弯曲沉降,由于离层下位岩层裂隙发育,抗弯刚度变得很小,可以认为其下沉规律符合开采沉陷计算理论中的覆岩内部岩移规律,设 $W(x)$ 为离层下位岩层的下沉曲线函数,其计算简图如图 5-23 所示。

覆岩离层下位岩层的下沉曲线函数 $W(x)$ 可以用概率积分法等岩层移动变形预计理论进行计算。

$$\begin{cases} W(x) = W'(x) - W'(x-L) \\ W'(x) = W_0 \displaystyle\int_0^r \frac{1}{r} e^{-\pi(x-S)^2/r^2}\, \mathrm{d}s \end{cases} \tag{5.35}$$

其中:
$$L = D_1 - S_1 - S_2$$
$$W_0 = qM$$

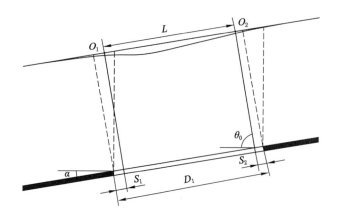

图 5-23　覆岩离层下位岩层下沉曲线计算图

式中　W_0——离层下位岩层的最大下沉值，m；

r——主要影响半径，m；

L——沉陷预计宽度，m；

D_1——工作面倾向采宽，m；

S_1——工作面倾向下山一侧的拐点偏移距，m；

S_2——工作面倾向上山一侧的拐点偏移距，m；

q——下沉系数；

M——工作面采高，m。

由式(5.35)可知，在工作面倾向采宽 D_1 和采高 M 一定的条件下，下位岩层下沉曲线变化主要取决于下沉系数 q 和拐点偏移距 S_1、S_2。其中拐点偏移距 S_1、S_2 由上覆岩层岩性、离层层位高度和工作面两侧的采动条件决定，下沉系数 q 由垮落带内垮落矸石的残余碎胀系数决定。唐山矿铁二采区在重复采动条件下 $q=0.814$，可以认为离层下位岩层的下沉系数近似等于地表的下沉系数，可假定 $S_1=S_2$，$S_1=kh$，一般 $k=0.1\sim0.15$。

5.3.4　采场覆岩离层空间上位岩层挠度曲线

采场覆岩离层空间上位岩层在承压浆液的液压作用下层向结构仍然具有完整性，在倾向断面上，离层上位岩层可以看作两端固支梁，下沉挠度曲线符合梁（或板）的变形理论。设离层上位岩层的挠度曲线函数为 $y(x)$，挠度曲线函数可以应用弹性力学解析法计算，其关系式为：

$$\begin{cases} y(x) = \dfrac{(q_0\cos\theta)L^4}{12W_z h}\dfrac{x^2}{L^2}\left(1-\dfrac{x}{L}\right)^2 \\[2mm] W_z = \dfrac{1}{6}Eh^2 \end{cases} \tag{5.36}$$

式中　q_0——岩梁所受的均布荷载，N/m；

L——岩梁的跨度，m；

h——岩梁的厚度，m；

E——岩层的弹性模量，MPa；

W_z——岩梁的抗弯刚度,N·m。

5.3.5 采场覆岩离层空间体积预计

如图 5-22 所示,采场覆岩离层的上位岩层挠度为 $y(x)$,下位岩层的下沉为 $W(x)$,则离层空间的法向高度为 $W(x)-y(x)$。设覆岩离层空间分布的平面面积为 S,则得到离层空间体积 $Q_{离}$:

$$Q_{离} = \iint_S [W(x) - y(x)] \mathrm{d}x \mathrm{d}y \tag{5.37}$$

5.3.6 采场覆岩离层最大允许注浆量

采场覆岩离层最大允许注浆量,是注浆减沉设计的关键参数之一。在离层带注浆过程中,注入离层空间的浆液处于准静态,一方面浆液中的粉煤灰会逐渐沉淀,另一方面浆液中的水会在液压作用之下向周围岩体渗流。因此,若单位时间内注入离层空间的浆液量充足,则采场覆岩离层最大允许注浆量必然等于离层空间体积增量与浆液水渗流流量之和,即

$$V_{浆} = V_{离} + V_{渗} \tag{5.38}$$

式中 $V_{浆}$——离层最大允许注浆量,m^3/h;

$V_{离}$——离层空间体积增量,m^3/h;

$V_{渗}$——注浆浆液水渗流流量,m^3/h。

注浆过程中要实现覆岩离层空间最大允许注浆量,必须保证及时、充足、高浓度连续不断地注浆,使注入的浆液量与离层空间的发展规模相匹配,以适应覆岩离层的发育规律,充分发挥注浆浆液的 3 个力学作用,使单位时间内注入离层空间的浆液流量 $V_{浆}$ 满足单位时间离层空间增量 $V_{离}$ 和单位时间浆液水渗流流量 $V_{渗}$ 要求,优化覆岩离层注浆技术,才能实现最佳的注浆减沉效果。

5.4 注浆减沉条件下地表沉陷预计方法

为了研究覆岩离层注浆减沉条件下地表沉陷预计方法,首先必须明确注浆减沉工程中真正起到注浆减沉作用的是离层空间内压实的粉煤灰体,必须分析被压实的粉煤灰体对地表移动产生的影响。这种影响主要表现在两个方面:一方面是影响地表下沉曲线(或曲面)形态;另一方面是影响地表下沉曲线(或曲面)参数。

5.4.1 采场覆岩离层注浆灰体充填观点

如果我们把"注浆减沉机理"这一概念的内涵明确界定为在注浆减沉中真正起到减沉作用的材料是什么? 那么注浆减沉机理将是注浆减沉理论研究中的核心问题。在既往的研究中,关于注浆减沉机理主要有浆体充填、水体充填与软岩遇水膨胀 3 种观点,这几种观点认为被注入离层空间内的浆液被离层上位和下位岩层封闭包裹,充填离层空间,减小了上部覆岩的沉降量,从而起到减缓地表沉降的作用。另外,若离层层面的上、下位岩层中存在吸水能力强的软岩,该部分岩层可以吸水发生膨胀,同时也能起到减缓地表沉降的作用。

通过注浆减沉工程实践和相似材料模拟实验,同时分析其他矿区注浆减沉实验成果,结

合理论研究,认识到在注浆减沉中真正起到减沉作用的材料是注浆浆液在离层内沉淀压实后形成的粉煤灰湿灰体。关于灰体充填这一学术观点的主要依据是注入离层空间内的浆液处于准静态,该条件下浆液中的粉煤灰颗粒在 $2\sim3$ min 内便会沉淀完毕,从而在离层空间下部形成饱和水灰体,上部是离析出的注浆水体。由于岩体一般是多裂隙或孔隙介质,离层空间内离析出的注浆水体在注浆压力和上覆岩层压力作用下会沿岩体中的裂隙进行渗流,经过一定时间后,离析出的浆液水最终将全部沿岩体裂隙渗流出去。因此,在注浆减沉中真正起到减沉作用的不是浆体和水体,而是沉淀压实后形成的粉煤灰湿灰体。

5.4.2 覆岩离层空间内灰体分布对地表下沉的影响

对于近水平煤层开采,离层空间形态大致呈水平放置的上凹下凸的透镜状,实施注浆后,沉淀压实的粉煤灰体同样呈上凹下凸的透镜状,沿岩层层面平铺于离层空间内,透镜状注浆灰体对地表下沉曲线的形态不会产生影响,它产生的作用仅仅是减小地表下沉量,即由未注浆时的下沉系数 q 降至注浆时的下沉系数 $q_{注}$。

对于倾斜煤层开采,覆岩离层空间形态呈倾斜放置的透镜状,实施注浆后粉煤灰浆液将首先沿倾向向下山方向流动,然后浆液中的粉煤灰材料便会很快沉淀,并逐渐被压实,注浆浆体的作用相当于减小下山一侧的开采宽度。这种情况对地表下沉曲线形态也不会有明显影响,但灰体的作用会使地表下沉系数减小,最大下沉角增大,即最大下沉点向下山方向的偏移量减小。如果注浆充分,注浆材料能够充满离层空间,则注浆灰体主要作用是减小地表下沉系数。

通过上述分析可知,覆岩离层注浆只会改变地表移动参数,不会改变下沉曲线的形态,其中最主要的参数是下沉系数。注浆后地表的下沉系数取决于注浆量,所以应该根据注浆量来确定注浆减沉条件下的地表下沉系数。

5.4.3 注浆减沉条件下地表沉陷预计方法

5.4.3.1 注浆比与注灰比

（1）注浆比

当实施覆岩离层注浆时,注入覆岩离层空间内的粉煤灰浆液总体积与对应井下采出煤体空间体积之比称为注浆比,其表达式为:

$$K_{浆} = \frac{V_{浆}}{V_{采}} \tag{5.39}$$

式中 $K_{浆}$——注浆比;

$V_{浆}$——注入离层空间内粉煤灰浆液的总体积,m^3;

$V_{采}$——对应井下采出煤体的空间体积,m^3。

（2）注灰比

当实施覆岩离层注浆时,注入离层空间内的粉煤灰浆液经压实后形成的压实湿灰体体积与对应井下采出煤体空间体积之比称为注采比,其表达式为:

$$K_v = \frac{V_{灰}}{V_{采}} \tag{5.40}$$

式中 K_v——注灰比;

$V_{\text{灰}}$——离层空间内压实湿灰体的总体积，m^3；

$V_{\text{采}}$——对应井下采出煤体的空间体积，m^3。

5.4.3.2　覆岩离层注浆减沉率

（1）注浆减沉率的概念

实施覆岩离层注浆后注浆减沉效果可用注浆减沉率来衡量，将实施注浆减沉后地表最大下沉量的减小值与不注浆条件下地表最大下沉量的比值称为注浆减沉率，其表达式为：

$$r = \frac{\Delta W}{W_0} \tag{5.41}$$

$$\Delta W = W_0 - W_{\text{注}}$$

式中　r——注浆减沉率；

ΔW——覆岩离层注浆后地表最大下沉量的减小值，mm；

W_0——不注浆时地表最大下沉量，mm；

$W_{\text{注}}$——实施注浆后地表最大下沉量，mm。

（2）注浆减沉率与下沉体积及下沉系数的关系

覆岩离层注浆减沉率还可以用煤层开采后地表下沉体积和下沉系数来计算，其计算结果与用注浆减沉后地表最大下沉量的减小值与不注浆时地表最大下沉量比值求得的结果一致。

① 用地表下沉体积计算注浆减沉率

用地表下沉体积计算注浆减沉率的公式为：

$$r = \frac{\Delta V}{V_0} \tag{5.42}$$

$$\Delta V = V_0 - V_{\text{注}}$$

式中　ΔV——覆岩离层注浆后地表下沉体积的减小值，m^3；

V_0——不注浆时地表下沉体积，m^3；

$V_{\text{注}}$——实施注浆后地表下沉体积，m^3。

② 用下沉系数计算注浆减沉率

用下沉系数计算注浆减沉率的公式为：

$$r = \frac{\Delta q}{q_0} \tag{5.43}$$

$$\Delta q = q_0 - q_{\text{注}}$$

式中　Δq——覆岩离层注浆后地表下沉系数的减小值；

q_0——不注浆时地表下沉系数；

$q_{\text{注}}$——实施注浆后地表下沉系数。

（3）注浆减沉率与采动程度的关系

根据采动程度可以将注浆减沉率分为阶段注浆减沉率和最终注浆减沉率。阶段注浆减沉率是指地表非充分采动条件下注浆减沉后地表的减沉率，最终注浆减沉率是指地表充分采动条件下注浆减沉后地表的减沉率。

5.4.3.3　塌陷体积系数及其影响因素

（1）塌陷体积系数的概念

不注浆开采条件下地表塌陷的体积与对应井下采出的煤体空间体积之比称为塌陷体积系数，其表达式为：

$$K_{塌} = \frac{V_0}{V_采} \tag{5.44}$$

式中 $K_{塌}$——塌陷体积系数；

V_0——不注浆时开采后地表塌陷体积，m^3；

$V_采$——对应井下采出煤体空间体积，m^3。

塌陷体积系数的计算表达式可由开采沉陷理论中的概率积分函数得出。

$$W(x,y) = W_0 \iint_s \frac{1}{r^2} e^{-\pi \frac{(\eta-x)^2+(\zeta-y)^2}{r^2}} \mathrm{d}\eta \mathrm{d}\zeta \tag{5.45}$$

$$V_0 = \iint_{S_0} W(x,y) \mathrm{d}x \mathrm{d}y \tag{5.46}$$

式中 $W(x,y)$——地表下沉盆地的下沉分布函数；

W_0——地表下沉盆地的最大下沉值，m；

S——井下工作面开采面积（$S=D_1D_3$，D_1 为工作面倾斜长度，D_3 为工作面走向长度），m^2；

r——地表下沉盆地的主要影响半径，m；

S_0——地表下沉盆地的面积，m^2。

（2）塌陷体积系数的影响因素

塌陷体积系数是开采沉陷研究中的一个基本参数，其大小与地表采动充分程度和覆岩岩性有关。因此，根据地表的采动充分程度，塌陷体积系数可以分为地表充分采动条件下 $K_{塌}$ 和地表非充分采动条件下 $K'_{塌}$。在地表采动程度达到充分采动时，塌陷体积系数可达到该地质条件下的最大值，对于一般中硬地层，地表充分采动时 $K_{塌}=0.7\sim0.9$；在地表非充分采动条件下，应用概率积分法时，地表移动参数（主要影响角正切 $\tan\beta$、拐点平移距 s 和下沉系数 q）必须加以修正，其修正方法可以按照规程进行。地表非充分采动条件下的下沉系数 q 的换算如图 5-24 所示，图中 $q_充$ 为充分采动条件下的下沉系数，q 为非充分采动条件下的下沉系数，根据 L_θ/H_0（L_θ 为开采区域宽度沿开采影响传播角在地面的投影长度，H_0 为平均采深）和覆岩岩性，可以得到 $q/q_充$，进而可以由 $q_充$ 求出 q。

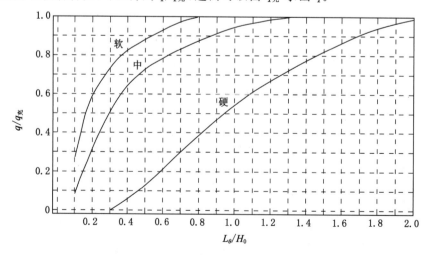

图 5-24 非充分采动条件下的下沉系数 q 的换算图

地表是否达到充分采动程度,主要取决于井下煤层开采宽度、开采深度和上覆岩层岩性。地表充分采动的条件为:

坚硬地层 $L_\theta / H_0 \geqslant 1.2$

中硬地层 $L_\theta / H_0 \geqslant 0.8$

软弱地层 $L_\theta / H_0 \geqslant 0.5$

开滦唐山矿京山铁路煤柱首采区覆岩岩性为中硬岩层,其 $L_\theta / H_0 > 0.8$,因此,首采区开采完毕后地表已经达到充分采动程度。

5.4.3.4 注浆减沉体积系数及其影响因素

(1)注浆减沉体积系数的概念

地表减沉体积与注入离层空间内的浆液经压实后形成的压实湿灰体体积之比称为注浆减沉体积系数。注入离层空间内形成的压实湿灰体体积可以由注浆参数监测系统测得的注浆量和注浆浆液浓度计算得出,而注浆后地表减沉体积可用不注浆开采预计沉陷体积与注浆减沉后地表岩移观测成果求得实际沉陷体积的差值计算得出。

注浆减沉体积系数的表达式为:

$$\varphi = \frac{\Delta V}{V_灰} \tag{5.47}$$

式中 φ——注浆减沉体积系数;

      ΔV——注浆后地表下沉体积减小值,m^3;

      $V_灰$——离层空间内压实湿灰体体积,m^3。

(2)注浆减沉体积系数的影响因素

注浆减沉体积系数与覆岩岩性和地表采动充分程度有关。

① 注浆减沉体积系数与覆岩岩性的关系

覆岩岩性越软,注浆减沉体积系数 φ 越小,软弱岩层 φ 值接近 1,中硬岩层的 φ 值一般在 1.2～1.4 之间,而坚硬岩层的 φ 值则更大些。通常注浆减沉体积系数 φ 一般大于 1。

② 注浆减沉体积系数与地表采动充分程度的关系

当采动程度达到充分采动时,在一定的覆岩地层条件下,注浆减沉体积系数具有确定的值,并可用于计算充分采动时的注浆减沉率。而当采动程度为非充分采动时,地表的下沉量远远小于井下开采煤层的厚度,在采场上覆岩层内存在大量的残留空间,这些残留空间主要分布在导水断裂带和离层带内,分别是裂隙空间和离层空间。如果不注浆,那么这些裂隙空间和离层空间将会长期存在于采场上覆岩层中。注浆后粉煤灰充填了这些裂隙空间和离层空间,对其上部岩层下沉起到支撑充填作用,因此,地表下沉量会减小,可以根据地表岩移观测成果求出注浆减沉体积系数。但是,在非充分采动条件下,注浆主要起充填作用,当与其相邻的工作面开采时,前一个工作面的注浆支撑充填作用便会明显地显现出来。

由以上分析可知,讨论注浆减沉效果时应区分非充分采动时的阶段减沉率和充分采动时的最终减沉率。要得出注浆减沉体积系数的理论计算公式比较困难,应根据实验观测成果来确定注浆减沉体积系数。

5.4.3.5 注浆减沉率与注灰比的关系

由注浆减沉体积系数的概念可得:

$$\Delta V = \varphi V_灰 \tag{5.48}$$

由塌陷体积系数的概念可得：

$$V_0 = K_塌 V_采 \tag{5.49}$$

将上述两式代入注浆减沉率的定义式(5.42)，可得：

$$r = \frac{\Delta V}{V_0} = \frac{\varphi V_灰}{K_塌 V_采} = K_v \frac{\varphi}{K_塌}$$

即

$$r = K_v \frac{\varphi}{K_塌} \tag{5.50}$$

式(5.50)即注浆减沉条件下注浆减沉率与注灰比的关系式。

式(5.50)说明，注浆减沉率与注灰比成正比，要提高采场覆岩离层注浆减沉率，最大限度地控制地表下沉，必须提高注灰比和注浆减沉体积系数，以增大注入覆岩离层空间中的粉煤灰浆(灰)量。

6 采场覆岩离层注浆浆液水渗流规律 与注浆材料性能研究

  采场覆岩离层注浆减沉工程中浆液水的渗流规律是关系矿井安全生产和井下开采工作面生产环境的重要问题。由于在不同的采场覆岩条件下,离层上下位岩体岩性不同,离层发展规模和存在状态具有较大的差异,因此,研究注浆浆液水的最终去向、浆液水在离层中的流动特征以及分布范围等一直是注浆减沉研究中十分关注的问题,这对建立注浆压力、注浆量与岩体渗透性之间的关系具有重要意义。由前述覆岩离层注浆减沉机理可认识到,真正对离层上覆岩体起充填支撑作用的是被压实后的湿粉煤灰体,因此,为了提高注浆减沉效果,需要加大注浆浆液浓度,而制约注浆浆液浓度的关键问题是,浆液浓度过大在输送管路中容易沉淀而堵塞注浆管路,所以需要进一步研究注浆材料的流动性能。

  本章将根据裂隙岩体渗流特征,建立注浆浆液水在岩体中渗流的数学模型,得出注浆浆液水渗流规律。通过对不同组成成分的注浆材料的性能进行实验,总结注浆浆液流动与注浆材料沉淀性能,为合理确定浆液浓度提供依据。

6.1 裂隙岩体渗流理论基础

  裂隙岩体渗流理论一直是国内外学者力图研究的理论课题之一,其最关键的问题有两个:一是如何合理地建立能反映工程实际的渗流模型;二是如何尽可能既准确又经济地确定渗流参数。

6.1.1 裂隙岩体渗流的理论基础

  岩体是经过多次反复地质作用,遭受过变形和破坏的地质体,其渗流特征远比一般材料复杂,这主要表现在渗流介质的多样性、渗流的不均匀性和各向异性以及渗流与岩体变形相耦合等诸多方面。

  (1) 达西(Darcy)定律

  1856 年,H. Darcy 采用了图 6-1 所示的实验装置进行实验,得出流量 Q 与不变的横截面积 A 和水头差$(h_1 - h_2)$成正比而与长度 L 成反比的结论,即

$$Q = \frac{KA(h_1 - h_2)}{L}$$

或

$$q = KJ \tag{6.1}$$

式中 K——与流体和多孔介质物性相关的常数,常称为渗透系数;

   q——比流量,$q = Q/A$;

J——水力梯度，$J = (h_1 - h_2)/L$。

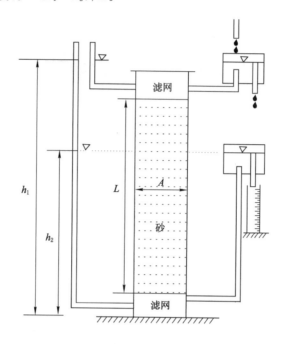

图 6-1　达西(Darcy)实验装置示意图

式(6.1)就是著名的达西定律。它是在一维情况下得到的，如果推广到三维情况，则有：

$$q_i = K\varphi_i \tag{6.2}$$

式中，φ_i 为 i 方向水力梯度，它适用于各向同性多孔介质。

而对于各向异性多孔介质，则有：

$$q_i = K_{ij}\varphi_j \tag{6.3}$$

研究表明，达西定律仅适用于低雷诺数($Re < 10$)条件下的层流运动。多孔介质渗流雷诺数可用式(6.4)近似计算。

$$Re = \frac{vd}{v} \tag{6.4}$$

式中　Re——渗流雷诺数；

　　　d——固相颗粒平均粒径，m；

　　　v——渗流速度，m/s；

　　　v——流体运动黏滞系数，m²/s。

当 Re 较大时，由于流速较大、惯性力较强，实验结果明显偏离达西定律，如图 6-2 所示。

由于渗流速度通常都很小，d 也不大，因而在绝大多数情况下渗流的 Re 是小于 10 的，因此达西定律在绝大多数情况下都是适用的。

通过式(6.1)可以看出，渗流比流量 q 与水力梯度 J 的一次方成正比，二者为直线关系，所以 $q = KJ$ 被称为层流直线渗透定律。当 $J = 1$ 时，则渗流比流量就等于渗透系数，即 $q = K$，所以渗透系数可直接表示岩层渗透性。达西定律适用于任意方向的水流流动。

达西定律最初应用于土壤中水的渗流计算，土壤可抽象为具有均匀孔隙的连续介质。后来随着岩石力学和地下工程研究的逐渐发展，水体在岩体中的渗流问题逐渐被人们重视

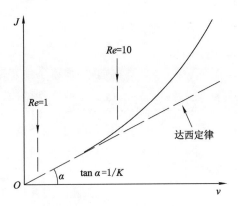

图 6-2　达西定律与雷诺数的相关性

起来。由于岩体赋存特征的多样性和复杂性,岩体和土壤的渗流特征存在不同。但理论研究、实验室研究和野外实验均证明,流体不仅在土壤孔隙介质中的流动服从达西定律,而且在岩体裂隙甚至岩溶裂隙中的渗流流动也服从达西定律,这为研究浆液水在离层中的渗流提供了坚实的理论基础。

（2）渗流连续性方程

如图 6-3 所示,根据质量守恒定律,单位时间内流进流出单元体液体的质量守恒,故得渗流连续性方程。

$$\frac{\partial(\rho n)}{\partial t} + \frac{\partial(\rho v_x)}{\partial x} + \frac{\partial(\rho v_y)}{\partial y} + \frac{\partial(\rho v_z)}{\partial z} = 0 \tag{6.5}$$

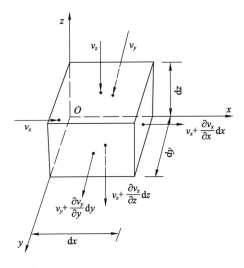

图 6-3　单元体介质渗流图

根据达西定律,式(6.5)可进一步变化为:

$$\frac{\partial(\rho n)}{\partial t} + \frac{\partial}{\partial x}\left(\rho K_x \frac{\partial \varphi}{\partial x}\right) + \frac{\partial}{\partial y}\left(\rho K_y \frac{\partial \varphi}{\partial y}\right) + \frac{\partial}{\partial z}\left(\rho K_z \frac{\partial \varphi}{\partial z}\right) = 0 \tag{6.6}$$

式中　φ——水头;

K_x,K_y,K_z——x,y,z方向的渗透系数。

式(6.6)即渗流微分方程。

对于水,考虑水的密度 ρ 为常数,当稳定流动时,渗流微分方程可简化为:

$$\frac{\partial}{\partial x}\left(K_x\frac{\partial\varphi}{\partial x}\right) + \frac{\partial}{\partial y}\left(K_y\frac{\partial\varphi}{\partial y}\right) + \frac{\partial}{\partial z}\left(K_z\frac{\partial\varphi}{\partial z}\right) = 0 \tag{6.7}$$

方程(6.6)的定解条件包括初始条件和边界条件,初始条件可表示为:

$$\varphi(x,y,z,t)\big|_{t=0} = \varphi_0(x,y,z) \tag{6.8}$$

边界条件一般分成以下四类。

① 如果在区域 Ω 的一部分边界 Γ_1 上知道水头随时间变化的规律,则:

$$\varphi\big|_{\Gamma_1} = \varphi_1(x,y,z,t) \tag{6.9}$$

其中,φ_1 为已知函数。这种边界条件称为第一类边界条件或水头边界条件,也称狄利克雷(Dirichlet)条件。

② 如果在区域 Ω 的一部分边界 Γ_2 上,在计算的时段内流量是已知的,则由达西定律,函数 φ 应该满足:

$$\left[K_x\frac{\partial\varphi}{\partial x}\cos(n,x) + K_y\frac{\partial\varphi}{\partial y}\cos(n,y) + K_z\frac{\partial\varphi}{\partial z}\cos(n,z)\right]\bigg|_{\Gamma_2} = q_1(x,y,z,t) \tag{6.10}$$

式中,n 是 Γ_2 的外法线方向。这种边界条件称为第二类边界条件,也称纽曼(Neumann)条件。一般情况下,边界上的流量不容易事先知道,最常用的第二类边界条件是隔水条件,即已知 Γ_2 上 $q_1=0$。

③ 如果在区域 Ω 的一部分边界 Γ_3 上,φ 和 $\dfrac{\partial\varphi}{\partial n}$ 的线性组合在计算的时段内是已知的,即

$$\frac{\partial\varphi}{\partial n} + \alpha\varphi = \beta \tag{6.11}$$

其中,α,β 为已知函数。这种边界条件称为第三类边界条件或混合边界条件,也称柯西(Cauchy)条件。

④ 分界面连续边界条件。这种条件往往出现在两个相邻区域的共同边界上。设 Ω_1、Ω_2 为两个以 Γ 为共同边界的区域,φ_1、φ_2 分别是 Ω_1、Ω_2 中的水头值,则 $\Omega_1\bigcap\Omega_2$ 的水头分布和通过 Γ 的流量都是连续的,即

$$\begin{cases}(\varphi_1-\varphi_2)\big|_\Gamma = 0 \\ K_{ij}(\varphi_1-\varphi_2)_j\cos(n,j)\big|_\Gamma = 0\end{cases} \tag{6.12}$$

6.1.2　裂隙岩体渗流参数

6.1.2.1　渗透系数

渗透系数也称水力传导系数,是一个重要的水文地质参数。渗透系数是表征多孔介质输运流体能力的标量,它在数值上等于当水力坡度 $J=1$ 时的渗透速度。渗透系数不仅取决于岩石的性质(如粒度、成分、颗粒排列、充填状况、裂隙性质和发育程度等),而且和渗透液体的物理性质(重度、黏滞性等)有关。如果在同一套实验装置中对同一块土样分别用水和油来进行渗透实验,在同样的水头差作用下,得到的水的流量要多于油的流量,即水的渗透系数要大于油的渗透系数。这说明同一岩层对于不同的液体具有不同的渗透系数。

此外,渗透系数还与应力有关,因为渗透率是表征岩体渗透性能的参数,应力的改变会导致岩体内孔隙和裂隙分布的改变,如裂隙的张开和闭合,从而改变岩体的渗透率。再者,水对岩体的性质也会产生一定的影响,如水压对岩体的力学作用和物理化学作用,即裂隙岩体的渗流场受应力环境的影响很大,而渗流场的改变将改变渗透体积力的分布,从而对应力场产生影响,这就是应力场与渗流场的耦合问题。

渗透系数的测试方法有实验室实验和现场测试两种,现场测试包括单孔压力实验法、三段压力实验法和层状岩体群孔实验法。

6.1.2.2　贮水系数

含水层的贮水系数表示贮在含水层中的水量变化和相应的测压面(或无压含水层的潜水面)高度变化之间的关系。

承压含水层的贮水系数定义为水头降低(或升高)一个单位时,从水平横截面积为一个单位的含水层垂直柱体中释出(或存入)的水的体积。承压含水层的贮水性质是水的压缩性和作为整体的含水层的弹性引起的。固体颗粒和微粒等的弹性一般可忽略不计。

在潜水含水层中,除了降低的是潜水面这一点以外,上面给出的贮水系数的定义本质上没有变化。但是,造成含水层柱体内贮存水量变化的机理却不同。在潜水含水层的情况下,水实际上由潜水面降低而从空隙空间中排出并被空气所代替。然而,重力排水(比如由抽水所引起的潜水面降低)并不能排出包含在空隙空间中的全部水。一定量的水在分子引力与表面张力的支持下能够平衡重力而保持在固体颗粒之间的空隙中。因此,潜水含水层的贮水系数比孔隙小,其差值称为持水率。为了反映这种现象,通常把潜水含水层的贮水系数称为给水度。

由含水层和水的压缩性所引起的弹性贮水系数要比给水度小很多。具体地说,大多数承压含水层的贮水系数变化在 $10^{-5}-10^{-3}$ 之间,而大多数冲积层的给水度为 $10\%\sim25\%$。这说明,排出(或注入)相同体积的水,承压含水层中水头的变化要比无压含水层中水头的变化大得多。

在定义承压含水层的贮水系数时,我们假定不存在时间延迟问题,并且认为水是随着水头的下降而瞬间释出的。然而,尤其是在细颗粒物质中,由于低渗透系数限制着水自贮存中释放,因而有明显的时间延迟现象。对于潜水含水层来说也是如此,因为疏干过程需要一定的时间。

6.1.2.3　导水系数

渗透系数虽然能用来说明岩层的透水性,但它不能单独说明含水层的出水能力。一个渗透系数较大的含水层,如果厚度非常小,它的出水能力也是有限的,开采价值不大。为此,就引出了导水系数的概念。

对于通过厚度为 M 的承压含水层的地下水运动,如沿流向取 x 轴,根据达西定律,有:

$$\begin{cases} Q = KAJ = KMBJ \\ q = \dfrac{Q}{B} = KMJ = TJ \end{cases} \tag{6.13}$$

式(6.13)中的 $T=KM$ 称为导水系数,它是又一个水文地质参数。它的物理意义是表示水力坡度等于1时,通过整个含水层厚度上的单宽流量。导水系数的概念仅仅适用于平面的二维地下水流动,对于三维流动是没有意义的。

6.1.3 层状岩体渗流参数处理

含煤地层是层状介质,如果将每一地层视作均质各向同性体,那么整体上看仍是非均质的,这种情况下渗流参数要根据流线与非均质岩层界面的关系确定。

6.1.3.1 流线与非均质岩层界面平行

渗透系数用各层的加权平均值表示:

$$K_m = \frac{1}{M}\sum_{i=1}^{n} K_i M_i \tag{6.14}$$

单宽流量:

$$q = K_m M \frac{\Delta H}{L} \tag{6.15}$$

式中 K_m——加权平均渗透系数;

K_i——第 i 层岩层的渗透系数;

M_i——第 i 层岩层的厚度,m;

M——含水层的总厚度,m;

q——单宽流量,m³/(s·m);

ΔH——水头损失,m;

L——流动长度,m。

6.1.3.2 流线与非均质岩层界面垂直

渗透系数:

$$K_m = L/(\sum_{i=1}^{n} \frac{M_i}{K_i}) \tag{6.16}$$

单宽流量:

$$q = \frac{K_m M}{L}\sum_{i=1}^{n}\Delta H_i \tag{6.17}$$

式中 M_i——第 i 层岩层的厚度,m;

ΔH_i——第 i 层岩层的水头损失,m。

6.1.3.3 流线与非均质岩层界面斜交

这种情况比较复杂,渗流参数要根据相邻岩层渗透系数的差别和流线与界面夹角确定。

6.2 采场覆岩离层注浆浆液水渗流规律

据开滦唐山矿首采区注浆材料参数测定,当注浆浆液相对密度为 1.16 时,沉淀压实后湿粉煤灰体的体积占浆液体积的 25.44%,从浆液中离析出来的注浆水体积占浆液体积的 74.56%,可见浆液中水体占的比例较大。浆液中如此大量的注浆水直接关系采煤工作面作业环境和生产安全,必须研究注浆浆液水的渗流问题。

6.2.1 覆岩离层注浆浆液水渗流模型

采场覆岩的水力联系有两个途径:一是岩层中的孔隙;二是岩层之间的裂隙。这种孔隙裂隙网络系统非常复杂。根据孔隙和裂隙在渗流中发挥的作用不同,将渗流模型分为裂隙网络渗流模型和拟连续介质模型两类。当考虑裂隙和孔隙共同作用时,宜选择裂隙网络渗流模型。在很多情况下,岩层之间裂隙的透水性远大于岩层中孔隙的透水性,在工程上可以忽略岩层中孔隙的透水性,采用拟连续介质模型。

为简化计算,在建立模型时,作如下基本假设:

① 浆液水在岩层裂隙中的流动服从达西定律。

② 各个岩层都看作均质各向同性体,其渗透性也各向同性。

③ 贮水系数 μ_s 和渗透系数 K 不随应力 σ 变化(即不受骨架变形影响)。

④ 岩层为水平岩层,注浆浆液在钻孔周围均匀对称分布。

根据注浆浆液充满离层空间的程度,分别建立无压渗流和承压渗流两个渗流模型来进行研究。

6.2.2　注浆浆液水无压渗流阶段

在覆岩离层注浆的初始阶段,覆岩离层空间内未充满浆液,这个阶段注浆压力为零,甚至出现负压,此时采用注浆浆液水无压渗流模型。

一般地,注浆前离层上、下位岩层中可能含有一定的水分,但处于非饱和状态,即含水介质的孔隙或裂隙中没有完全被水充满,此时岩层的含水率可视为初始含水率,用 θ_0 表示。注浆浆液注入离层空间后,浆液水在注浆压力作用下会逐渐渗入周围岩层中,使周围岩层的含水率随时间的延长而增加,达到饱和时的含水率用 θ_s 表示。实验研究表明,在非饱和状态下岩层的渗透系数 K 和含水率 θ 之间具有一定的函数关系。

根据渗流的连续性微分方程,可以导出以含水率 θ 为变量的非饱和状态水分运移的基本微分方程。

$$\frac{\partial \theta}{\partial t} = \frac{\partial}{\partial x}\left[D(\theta)\frac{\partial \theta}{\partial x}\right] + \frac{\partial}{\partial y}\left[D(\theta)\cdot\frac{\partial \theta}{\partial y}\right] + \frac{\partial}{\partial z}\left[D(\theta)\cdot\frac{\partial \theta}{\partial z}\right] - \frac{\partial K(\theta)}{\partial \theta}\frac{\partial \theta}{\partial z} \quad (6.18)$$

式中　$D(\theta)$——水力扩散系数,$D(\theta) = -K(\theta)\cdot\dfrac{\partial h_c}{\partial \theta}$;

h_c——毛细管压头;

$K(\theta)$——渗透系数;

θ——含水率。

无压渗流阶段浆液水的运移可以简化为垂直方向一维渗流问题。由于离层空间上、下位岩层中总有一层为隔水边界,该阶段浆液水的渗流可分两个过程:浆液未充满离层空间时的无压下渗过程和浆液接触到上部岩层后在较小压力下的上渗过程。

6.2.2.1　注浆浆液水下渗过程

注浆浆液水下渗过程的渗流模型如图6-4所示,并假定浆液注入离层空间后,浆液水渗入靠近离层空间岩层的速度很大,若注浆流量充足,靠近离层空间的岩层在极短的时间内即可达到饱和状态。

(1) 边界条件

初始条件:假设渗流前各个岩层具有相同的初始含水率 θ_0,即

$$\theta(z,0) = \theta_0, z \geqslant 0$$

上部边界:$\theta(0,t) = \theta_s, t \geqslant 0$。

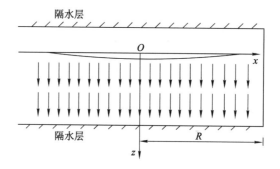

图 6-4　覆岩离层注浆无压渗流阶段下渗模型

下部边界：若隔水层位置距离离层较近，浆液水通过渗流可到达隔水层，此时下部边界条件为 $\theta(L,t)=\theta(t)$（θ 是时间 t 的函数，最终 θ 在某一时刻达到 θ_s）；若隔水层距离离层较远，可认为浆液水通过渗流一直不能到达隔水层，此时下部边界条件为 $\theta(L,t)=\theta_0$。

（2）隔水层距离离层较近时

隔水层距离离层较近时的渗流模型：

$$\begin{cases} \dfrac{\partial\theta}{\partial t}=\dfrac{\partial}{\partial z}\big[D(\theta)\dfrac{\partial\theta}{\partial z}\big]-\dfrac{\partial K(\theta)}{\partial z} \\ \theta(z,0)=\theta_0 \\ \theta(0,t)=\theta_s \\ \theta(L,t)=\theta(t) \end{cases} \tag{6.19}$$

这种情况下，由于下部隔水层边界条件难以准确确定，很难得出具体的解析解，但可以认为，由于离层距离隔水层较近，浆液水会在很短时间内通过渗流使岩层达到饱和状态，从而进入第二渗流阶段。

（3）隔水层距离离层较远时

隔水层距离离层较远时的渗流模型：

$$\begin{cases} \dfrac{\partial\theta}{\partial t}=\dfrac{\partial}{\partial z}\big[D(\theta)\dfrac{\partial\theta}{\partial z}\big]-\dfrac{\partial K(\theta)}{\partial z} \\ \theta(z,0)=\theta_0 \\ \theta(0,t)=\theta_s \\ \theta(L,t)=\theta_0 \end{cases} \tag{6.20}$$

对于上面的问题，如果以平均值 D^* 代替 $D(\theta)$，以 $K=\dfrac{K_s-K_0}{\theta_s-\theta_0}$ 代替 $\dfrac{\partial K(\theta)}{\partial\theta}$，则可求得其解析解：

$$\theta(z,t)=\theta_0+\frac{\theta_s-\theta_0}{2}\big[\mathrm{erfc}(\frac{z-Kt}{2\sqrt{D^*t}})+\mathrm{erfc}(\frac{z+Kt}{2\sqrt{D^*t}})\mathrm{e}^{Kz/D^*}\big] \tag{6.21}$$

式中　erfc(x)——余误差函数；

　　　θ_0——初始含水率；

　　　θ_s——饱和含水率。

根据 D^* 和 K 就可计算出距离离层不同位置的岩层在不同时刻的含水率,从而得出该岩层达到饱和含水率所需的时间。

6.2.2.2　注浆浆液水上渗过程

注浆浆液水上渗过程的渗流模型如图 6-5 所示。当注浆浆液注入离层空间并接触到上位岩层后,开始进入离析水以上渗为主的过程,此时下渗仍在进行,但下部岩层因已吸取一定量的水而逐渐趋于饱和状态,这个过程与下渗过程类似,区别是该过程是在一较小压力作用下进行的,此时 $D(\theta) = -K(\theta)\dfrac{\partial(p/r)}{\partial\theta}$。

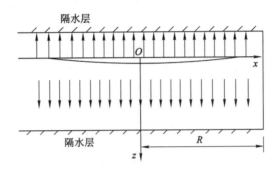

图 6-5　覆岩离层注浆较小压力上渗模型

6.2.3　注浆浆液水承压渗流阶段

当离层的上、下位岩层吸水饱和后,浆液水便会向离层空间两侧的岩层渗流扩散。随着继续注浆,注浆进入有压阶段,浆液中的水在注浆压力的作用下不断地向上向下补给到岩体中,使之在之后一段时间内处于饱和状态,同时浆液水会沿着离层面方向不断向四周运移。该阶段为浆液水承压渗流阶段,承压渗流模型如图 6-6 所示。

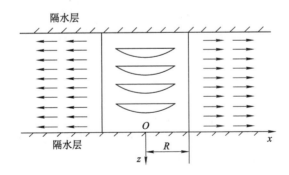

图 6-6　覆岩离层注浆承压阶段渗流模型

为计算方便,假定岩层为水平岩层,注浆浆液在钻孔周围均匀对称分布,则渗流模型可看作轴对称问题,可由以下方程进行求解:

$$\begin{cases} T(\dfrac{\partial^2 H}{\partial r^2} + \dfrac{1}{r}\dfrac{\partial H}{\partial r}) = \mu^* \dfrac{\partial H}{\partial t}, t > 0, r > R \\[2mm] H(r,0) = H_0 \\[1mm] H(R,t) = H_1 \\[1mm] H(\infty,t) = H_0 \end{cases} \tag{6.22}$$

式中　　H——水头；

$\qquad$ H_0——两侧非饱和带初始压头；

$\qquad$ H_1——饱和带压头；

$\qquad$ μ^*——贮水系数；

$\qquad$ T——导水系数；

$\qquad$ R——饱和带半径；

$\qquad$ r——渗流半径。

由上述问题的解可推得渗流体积流量的表达式：

$$Q = 2\pi T(H_1 - H_0)\frac{4\lambda}{\pi}\int_0^\infty x\mathrm{e}^{-\lambda x^2}\Big[\frac{\pi}{2} + \arctan\frac{Y_0(x)}{J_0(x)}\Big]\mathrm{d}x \tag{6.23}$$

式中，$\lambda = \dfrac{Tt}{\mu^* R^2}$；$J_0(x)$ 为第一类零阶贝塞尔函数，$J_0(x) = \displaystyle\sum_{m=0}^{\infty}(-1)^m \dfrac{x^{2m}}{2^{2m}(m!)^2}$；$Y_0(x)$

为第二类零阶贝塞尔函数，$Y_0(x) = \dfrac{2}{\pi}J_0(x)(\ln\dfrac{x}{2}+c) - \dfrac{2}{\pi}\displaystyle\sum_{m=0}^{\infty}\dfrac{(-1)^m\left(\dfrac{x}{2}\right)^{2m}}{(m!)^2}\sum_{K=0}^{m-1}\dfrac{1}{K+1}$；

c 为欧拉常数，一般取 0.577 2。

根据含水层岩石参数 μ^* 和 T 可计算出不同时刻的 λ 值，查 $G(\lambda)$ 数值表便可算出不同时刻的体积流量。

综上所述，注浆浆液水在岩层中的渗流是一个较为复杂的过程，它与离层上下岩层岩性、含水率、至隔水层距离以及注浆压力等多种因素有关。一般来说，如果离层的上下隔水层距离离层很近，则离层上下位岩层中的水分会很快达到饱和状态，从而进入有压渗流阶段，此时以有压渗流为主。如果离层的上下隔水层距离离层较远，且岩层含水率较小，则无压渗流阶段会持续较长时间。当然，这两个渗流阶段并不是截然分开的，它们常常互相交叉或同时进行，只是在不同时期以某种渗流方式为主而已。

6.2.4 覆岩离层注浆浆液水分布

通过以上离层带内注浆浆液水的渗流分析，可知注浆浆液水除少量贮存于离层空间内的压实湿灰体中外，其余均被离层周围岩层裂隙吸收或沿岩层裂隙网络渗流到远处，不会以液态形式贮存在离层空间中，这已被开滦唐山矿在京山铁路煤柱覆岩离层注浆综放开采首采区结束后的检验钻孔施工时未见液态浆液水所证实。

由渗流模型可知，浆液水在无压渗流阶段主要是沿垂直方向的上下渗流，使离层上下位岩层达到水饱和状态；在有压渗流阶段主要是沿层向水平渗流，可达到一定的渗流范围。若离层上下部岩体中存在隔水性能较好的黏土岩层，这些隔水岩层就成为浆液水渗流的上下边界。若在离层注浆段内的地层中存在相间分布的各种砂岩、泥岩和黏土岩，它们的孔隙率和渗透系数各不相同，为简化计算，可将注浆段内地层的吸水性和渗透性看作等效均质的。

由于岩石相对完整,而岩体中存在节理裂隙,因此岩体的孔隙率一定大于岩石的孔隙率。

根据浆液水渗流模型的特征,以及对离层带注浆段岩层吸水性和渗透性的均一化假定,由于采区与采煤工作面形状近似为矩形,则浆液水在围岩中的层向渗流范围也近似矩形。若采区内各工作面开采顺序是从采区两侧向中间顺序开采并进行注浆,先开采注浆的工作面覆岩离层带浆液水渗流已经使其周围岩层达到饱和状态,后开采注浆的工作面覆岩离层带浆液水主要沿覆岩层向渗流。如果离层带围岩裂隙、空隙相对均匀,各岩层渗透性和吸水率相同,则浆液水渗流范围曲线趋近矩形;反之,则曲线趋近椭圆形。

由上述分析可知,注浆浆液水渗流范围曲线应是介于矩形和椭圆形之间的闭合曲线,因此,超椭圆曲线用于浆液水渗流范围曲线拟合是比较合适的。超椭圆曲线一般方程为:

$$\left(\frac{x}{a}\right)^k + \left(\frac{y}{b}\right)^k = 1 \tag{6.24}$$

式中,k 为实数,且 $2 < k < +\infty$;$a \neq b$。

6.2.5　覆岩离层注浆渗流水对开采工作面的影响

覆岩离层注浆浆液水渗流问题关系矿井生产安全,也关系井下开采工作面的生产环境,是人们十分关注的问题。注浆减沉工程设计中,注浆钻孔终孔深度确定应参照《建筑物、水体、铁路及主要井巷煤柱留设及压煤开采规范》(简称"三下"采煤规范)中有关水体下采煤的规定进行设计,即防水安全煤柱的高度(H_{sh})应大于或等于导水断裂带高度(H_{li})加上保护层厚度(H_b),即

$$H_{sh} \geqslant H_{li} + H_b \tag{6.25}$$

导水断裂带高度 H_{li} 按类似地质开采条件下实测导水断裂带高度的最大值考虑,保护层厚度 H_b 应根据隔水条件、覆岩类型、水体的采动等级、煤层倾角以及累计采厚确定。根据唐山矿铁二采区的实际地层条件,在保护层厚度范围内,有黏土层 4 层及砂质黏土岩 1 层,由上至下厚度分别为 12.42 m、3.71 m、8.44 m、7.53 m 和 5.71 m,厚层黏土岩具有良好的阻隔水能力,能够保障注浆浆液水不会下渗到采煤工作面。

为了进一步验证工作面注浆开采后,浆液水是否渗流进入工作面,在 T2194 工作面 1 号钻孔开始注浆前后每隔一定时间,在工作面取水样进行水质化验,检测各种离子含量,图 6-7 至图 6-14 为水样各种离子含量变化曲线图。

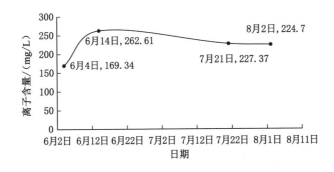

图 6-7　Na^+ 含量变化曲线图

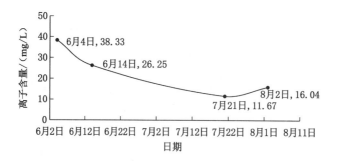

图 6-8　Ca²⁺ 含量变化曲线图

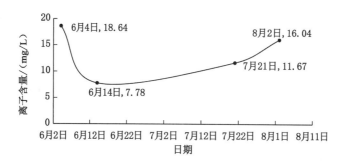

图 6-9　Mg²⁺ 含量变化曲线图

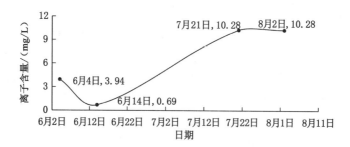

图 6-10　NH₄⁺ 含量变化曲线图

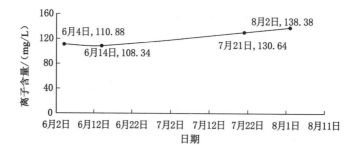

图 6-11　Cl⁻ 含量变化曲线图

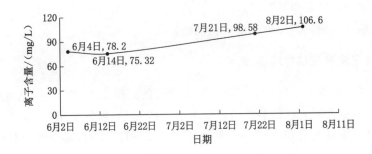

图 6-12 SO_4^{2-} 含量变化曲线图

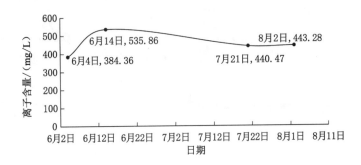

图 6-13 HCO_3^- 含量变化曲线图

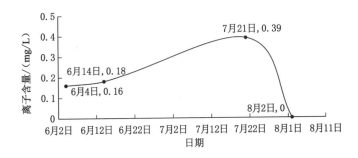

图 6-14 NO_3^- 含量变化曲线图

由图 6-7 至图 6-14 可以看出,T2194 工作面 1 号钻孔注浆期间水样中各种离子含量并没有因注浆工作进行而呈现一定规律变化,而是普遍在某一值附近波动。这表明 T2194 工作面 1 号钻孔注浆浆液水并未渗流进入工作面,从而保障了工作面开采安全和生产环境。

6.3 采场覆岩离层注浆浆液性能实验研究

采场覆岩离层注浆减沉效果主要取决于注入离层空间内散体固态材料的数量,为了取得更好的注浆减沉效果,必须增大注浆量,提高注浆浆液浓度。而制约注浆浆液浓度的主要问题是浆液浓度过大,浆液中的材料在输浆管路中容易沉淀,易于堵塞注浆管路。为此,本节通过实验方法测定了粉煤灰及其浆液的物理化学性能与沉淀性能,实验结果可以为注浆减沉工程中浆液成分确定与浓度配制提供依据。

6.3.1 覆岩离层注浆充填材料选择

根据开滦唐山矿首采区覆岩离层注浆减沉设计的原则要求,应及时、充足地将充填物注入覆岩离层空间,因此对充填材料的选择要求是来源充足、获取费用低、浆液配制和输送方便;同时还应体现循环经济和保护环境的要求,充分利用废弃物,减少充填材料存放占用土地和对环境造成污染,全面提高注浆减沉的经济效益和社会效益。

前期开滦唐山矿 3696 综放工作面注浆减沉工程实践表明,采用粉煤灰作为注浆材料,具有浆液配制快、流动性能好、滤水快等特点,并且唐山发电厂燃煤发电排弃的粉煤灰储灰场就在唐山矿井田范围内,运输距离短、资源充足、费用低廉,符合来源广、易加工、成本低要求。又因为前期唐山矿 3696 综放工作面注浆减沉工程所建注浆减沉系统可以再次利用,从唐山矿所处的环境以及粉煤灰物理化学性能看,首采区覆岩离层注浆选择粉煤灰作为注浆材料是最适宜的。

6.3.2 粉煤灰及其浆液物理化学性能测定

6.3.2.1 粉煤灰相对密度与液塑限测定

（1）相对密度测定

粉煤灰相对密度测定采用比重瓶法,测定用的主要仪器有烘箱、比重瓶、LP-500 型电子天平(感量 0.001 g)、沙浴、温度计等。

相对密度计算公式:

$$G_s = \frac{M_s}{M_1 + M_s - M_2} G_{\omega t} \tag{6.26}$$

式中　G_s——粉煤灰相对密度,精确到小数点后三位;

$G_{\omega t}$——温度 t 时纯水的相对密度;

M_1——比重瓶与水的总质量,g;

M_s——试样烘干质量,g;

M_2——比重瓶、水与试样的总质量,g。

自唐山矿井田范围内的唐山发电厂粉煤灰储灰场取 3 份样品,烘干后做粉煤灰相对密度测定,粉煤灰相对密度测定结果如表 6-1 所示 。

表 6-1　粉煤灰相对密度测定结果

试样编号	M_1/g	M_2/g	M_s/g	$G_{\omega t}$	水温/℃	G_s
1	136.571	144.534	15.319	0.998 021	21	2.078
2	135.393	142.825	14.264	0.998 021	21	2.084
3	136.569	142.728	11.875	0.998 021	21	2.073
平　均						2.078

（2）液塑限测定

粉煤灰液塑限测定采用液塑限联合实验法。测定用的主要仪器有光电式液塑限联合测定仪、烘箱、天平、称量盒、调土刀、标准筛等。试样过 0.5 mm 标准筛。

实验方法为,将试样的不同圆锥下沉深度 h(mm) 与相应的含水量 ω(%)绘于双对数坐标纸上,三点连一直线,如通过高含水量的一点与其余两点连线在圆锥下沉深度为 2 mm 处查得含水量差值大于 2%,则应补做实验。在双对数坐标纸上的不同圆锥下沉深度与相应的含水量关系直线上查得圆锥下沉深度为 17 mm 处的相应含水量即液限,下沉深度为 2 mm 处的相应含水量即塑限。

塑性指数计算:

$$I_P = \omega_L - \omega_P \tag{6.27}$$

式中　I_P——塑性指数,精确至小数点后一位;

　　　ω_L——液限,%;

　　　ω_P——塑限,%。

液性指数计算:

$$I_L = \frac{\omega - \omega_P}{\omega_L - \omega_P} \tag{6.28}$$

式中　I_L——液性指数,精确至小数点后两位;

　　　ω——天然含水率,%。

自唐山矿井田范围内的唐山发电厂粉煤灰储灰场取 4 份样品,进行粉煤灰液塑限测定,测定结果见表 6-2,圆锥下沉深度 h 与含水率 ω 关系曲线如图 6-15 所示。

表 6-2　粉煤灰液塑限测定结果

试样编号	盒质量/g	盒与湿粉煤灰质量/g	盒与干粉煤灰质量/g	圆锥下沉深度/mm	含水率/%
1	40.77	60.63	55.25	4.2	37.15
2	39.32	50.93	47.7	7.5	38.54
3	39.56	53.68	49.65	9.1	39.94
4	39.5	56.42	51.38	15.9	42.42

根据表 6-2,可以得到液限 $\omega_L = 42.74\%$,塑限 $\omega_P = 33.66\%$,塑性指数 $I_P = 9.08\%$,液性指数 $I_L = 65.1\%$。

6.3.2.2　粉煤灰化学成分测定

粉煤灰的主要成分是火山灰质的活性材料 SiO_2 和 Al_2O_3,还有 CaO、MgO 及各种微量元素和稀土元素。粉煤灰的矿物组成主要是铝硅玻璃体,还有少量石英和莫来石(Al_2SiO_5)等结晶矿物以及未燃尽的炭粒,铝硅玻璃体的含量影响粉煤灰的活性。

为了精确掌握粉煤灰中各种元素、化学成分含量,自唐山矿井田范围内的唐山发电厂粉煤灰储灰场取 2 份样品,烘干后做粉煤灰矿物能谱定量分析。粉煤灰试样 1 分析结果如图 6-16、图 6-17 和表 6-3 所示;粉煤灰试样 2 分析结果如图 6-18、图 6-19 和表 6-4 所示。

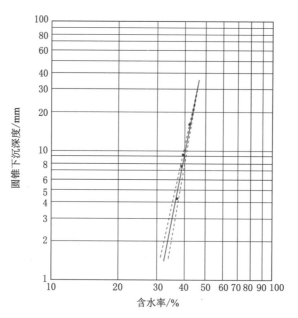

图 6-15　圆锥下沉深度与含水率关系曲线

图 6-16　粉煤灰试样 1 电子扫描图

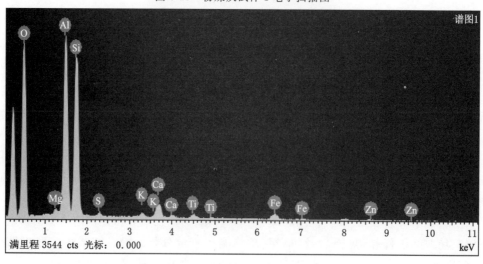

图 6-17　粉煤灰试样 1 能谱图

表 6-3 粉煤灰试样 1 化学元素成分分析成果表

元素	元素浓度 /(mg/kg)	强度校正系数	质量百分比 /%	原子百分比 /%	化合物百分比 /%	化学式	离子数目 /(个/mg)
Mg	0.43	0.785 5	0.66	0.57	1.10	MgO	0.07
Al	14.47	0.881 2	19.77	15.38	37.35	Al_2O_3	1.96
Si	14.05	0.739 1	22.88	17.11	48.95	SiO_2	2.17
S	0.38	0.732 3	0.62	0.41	1.55	SO_3	0.05
K	0.53	0.980 0	0.66	0.35	0.79	K_2O	0.04
Ca	2.26	0.948 3	2.86	1.50	4.01	CaO	0.19
Ti	0.66	0.808 6	0.98	0.43	1.63	TiO_2	0.05
Fe	1.88	0.831 2	2.72	1.02	3.50	FeO	0.13
Zn	0.60	0.798 2	0.90	0.29	1.12	ZnO	0.04
其他			47.95	62.94			8.00
总量			100.00		100.00		

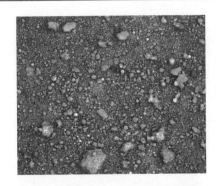

图 6-18 粉煤灰试样 2 电子扫描图

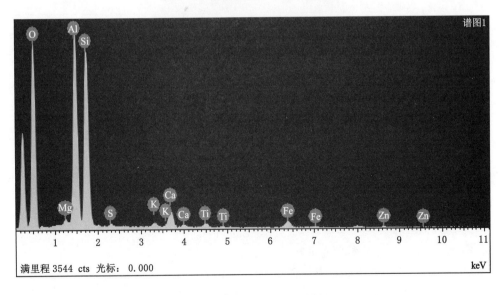

图 6-19 粉煤灰试样 2 能谱图

表 6-4　粉煤灰试样 2 化学元素成分分析成果表

元素	元素浓度 /(mg/kg)	强度校正系数	质量百分比 /%	原子百分比 /%	化合物百分比 /%	化学式	离子数目 /(个/mg)
Mg	0.44	0.783 7	0.62	0.54	1.03	MgO	0.07
Al	15.47	0.880 3	19.66	15.31	37.15	Al_2O_3	1.95
Si	15.35	0.739 5	23.22	17.37	49.68	SiO_2	2.21
S	0.27	0.730 6	0.41	0.27	1.03	SO_3	0.03
K	0.57	0.980 0	0.65	0.35	0.78	K_2O	0.04
Ca	2.44	0.948 3	2.88	1.51	4.03	CaO	0.19
Ti	0.66	0.808 7	0.91	0.40	1.51	TiO_2	0.05
Fe	2.01	0.831 7	2.70	1.02	3.48	FeO	0.13
Zn	0.75	0.798 3	1.06	0.34	1.31	ZnO	0.04
其他			47.89	62.90			8.00
总量			100.00	100.00			

6.3.2.3　粉煤灰颗粒粒径分布分析

粉煤灰由粒径不同的颗粒组成,颗粒大小和含量不仅影响自身的物理化学性质,而且对注浆浆液的配制影响也很大,因此,需要对粉煤灰颗粒粒径分布进行测定分析。实验采用筛分法测定粉煤灰颗粒粒径分布范围,将粉煤灰放入干燥箱进行烘干,取出 100 g 试样进行筛分实验,实验室筛分结果见表 6-5,图 6-20 为粉煤灰筛分粒径分布图。

表 6-5　粉煤灰粒径分布统计结果

粒径范围/mm	质量/g	质量所占比例/%
≥5	0.218	0.218
2～<5	2.489	2.489
1～<2	3.066	3.066
0.5～<1	9.403	9.403
0.25～<0.5	13.127	13.127
0.075～<0.25	53.928	53.928
<0.075	17.769	17.769
总量	100.00	100.00

由表 6-5 及图 6-20 可见,唐山发电厂储灰场的粉煤灰 94.227% 的颗粒粒径在 1 mm 以下,仅 5.773% 的颗粒粒径在 1 mm 以上。

6.3.2.4　粉煤灰浆液流动度与沉淀时间测定

通过实验测定粉煤灰浆液在不同浓度(密度)条件下的流动度和沉淀时间,实验结果见表 6-6。

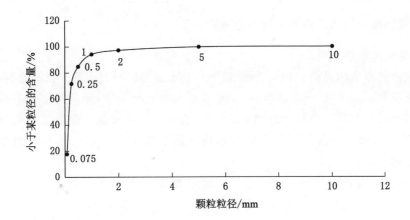

图 6-20 粉煤灰筛分粒径分布图

表 6-6 粉煤灰浆液性能测定结果

序号	粉煤灰浆液密度/(g/mL)	流动度	沉淀时间/s
1	1.125	8.6	75
2	1.150	8.5	78
3	1.175	8.6	85
4	1.200	8.6	120
5	1.225	9.0	144
6	1.250	9.0	152
7	1.270	9.0	163

分析实验测定结果,粉煤灰浆液性能具有以下特点:

① 粉煤灰浆液密度由 1.125 g/mL 增至 1.270 g/mL 时,浆液的流动度在 8.5~9.0 之间,其值变化较小。可以认为在注浆减沉工程中,浆液密度在 1.1~1.3 g/mL 范围内时,浆液的黏滞系数和流动阻力变化不大。

② 粉煤灰浆液密度由 1.125 g/mL 增至 1.270 g/mL 时,浆液的沉淀时间由 75 s 增大至 163 s,浆液沉淀时间增长明显,这说明浆液密度越大,沉淀时间越长。

6.3.2.5 粉煤灰及其浆液密度与含水率分析

粉煤灰密度与含水率测定使用的主要仪器有烘箱、天平、细径长管量杯等,在实验室分别测定粉煤灰的干灰密度 $\rho_{干灰}$、饱和水粉煤灰体密度 $\rho_{饱灰}$ 和压缩稳定后的灰体密度 $\rho_{湿灰}$。经实验测得粉煤灰干灰密度 $\rho_{干灰} \approx 1.86$ g/mL,相对误差为 1%;饱和水粉煤灰体密度 $\rho_{饱灰} \approx 1.55$ g/mL,相对误差为 1%,含水率为 23.3%;压实灰体密度 $\rho_{湿灰} \approx 1.65$ g/mL,相对误差为 1%,含水率为 14.8%。

压实灰体所承受的压力以唐山矿京山铁路煤柱首采区覆岩离层注浆层位的平均深度 $H=533$ m 为计算基础,经计算得出离层层位上覆基岩和冲积层的垂向地应力 $S_V = \gamma_{冲}H_{冲} + \gamma_{基}H_{基} = 15 \times 200 + 25 \times 333 = 11\,325$ （kN/m²）,以此压力对饱和水粉煤灰体加载测得压实灰体密度 $\rho_{湿灰} \approx 1.65$ g/mL,相对误差为 1%;在加压实验中,灰体垂向压缩率为 9.5%。

6.3.3 其他注浆材料及其浆液物理性能测定

6.3.3.1 黏土物理性能测定

黏土在自然界中种类繁多,黏土颗粒级配与含水量是影响其工程性质的重要物理指标。黏土处于干燥状态时坚硬、承载能力高,含水量增加时就会变软,承载力明显下降。黏土矿物的构造层都带有电荷和具有吸附性及亲水性,这种吸附性及亲水性能改变浆液的物理性能。此外,黏土的胶体还具有流变性质,它取决于黏土颗粒的组合方式,这种组合方式影响着胶体的黏度。

实验用黏土取自唐山矿井下防灭火灌浆所用的黏土,通过实验测定得到黏土试样颗粒大小分布,见表6-7,图6-21所示为黏土试样颗粒大小分布曲线图。

表6-7 黏土试样颗粒大小分布表

粒径/mm	<0.002	0.002~<0.005	0.005~<0.01	0.01~<0.05	0.05~<0.075	0.075~<0.1	0.1~<0.25	0.25~<0.5	≥0.5
比例/%	20.1	6.6	9.7	42.2	10.0	1.7	7.2	1.4	1.1

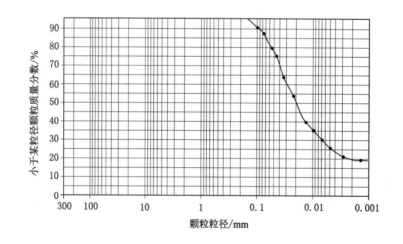

图6-21 黏土试样颗粒大小分布曲线图

由表6-7及图6-21可见,唐山矿井下防灭火灌浆所用的黏土98.9%的颗粒粒径在0.5 mm以下,仅1.1%的颗粒粒径在0.5 mm以上。黏土平均颗粒粒径比粉煤灰小,黏土作为注浆充填材料是可行的,但由于资源有限、购买和运输费用高而难以采用。

黏土试样的物理性质测定结果见表6-8,圆锥下沉深度 h 与含水率 ω 之间的关系如图6-22所示。

表6-8 黏土试样物理性质测定结果

指标	相对密度	天然含水率 ω/%	饱和含水率 ω_{sat}/%
数值	2.073	14.7	21.4

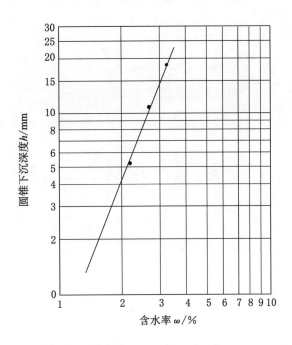

图 6-22　黏土试样圆锥下沉深度与含水率关系图

6.3.3.2　粉煤灰与黏土混合材料物理性能测定

测定粉煤灰与黏土混合材料的相对密度采用比重瓶法，实验测定结果见表 6-9。

表 6-9　粉煤灰与黏土混合材料相对密度实验测定结果

试样编号	瓶质量/g	干混合材料质量/g	水质量/g	水温/℃	试液密度/(g/cm³)	相对密度
1	36.742	15.319	99.829	21	0.998 021	2.078
2	35.354	14.264	100.039	21	0.998 021	2.084
3	36.738	11.875	98.831	21	0.998 021	2.073
平均						2.078

粉煤灰与黏土混合材料的含水率测定结果见表 6-10，圆锥下沉深度 h 与含水率 ω 之间的关系如图 6-23 所示。

表 6-10　粉煤灰与黏土混合材料含水率实验测定结果

试样编号	盒质量/g	盒与湿混合材料质量/g	盒与干混合材料质量/g	圆锥下沉深度 h/mm	含水率 ω/%
1	40.77	60.63	55.25	4.2	37.15
2	39.32	50.93	47.70	7.5	38.54
3	39.56	53.68	49.65	9.1	39.94
4	39.50	56.42	51.38	15.9	42.42

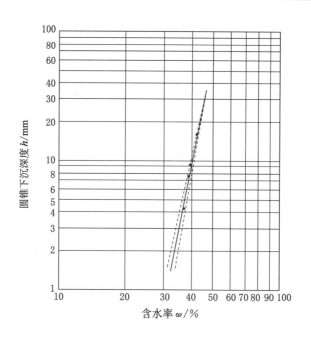

图 6-23　粉煤灰与黏土混合材料试样圆锥下沉深度与含水率关系图

6.3.4　注浆材料浆液沉淀性能测定

实验浆液选用粉煤灰和黏土做骨料,水做基液,共测定粉煤灰、黏土、粉煤灰和黏土混合物 3 种注浆材料浆液的沉淀性能。黏土浆液由 75 g 黏土和 300 g 水拌制而成;粉煤灰浆液由 75 g 粉煤灰和 300 g 水拌制而成;粉煤灰和黏土混合浆液由 37.5 g 黏土、37.5 g 粉煤灰和 300 g 水拌制而成。实验仪器主要有烧杯、天平、温度计、秒表、搅拌棒等。

6.3.4.1　实验方法与过程

① 按骨料和基液的设计比例在烧杯中配制浆液,配制过程中用搅拌棒充分搅拌,使骨料中粒径不同的颗粒混合均匀,形成悬浊液。

② 测试浆液的温度,并将浆液静置,静置过程中保持浆液温度恒定。

③ 浆液在静置过程中骨料会逐渐沉淀,在上部清水与下部浓浆液之间形成分离层,该层面可称之为水浆分离面。随着静置时间延长,水浆分离面越来越清晰,且该分离面位置越来越低。

④ 浆液静置 30~60 min 后,再用搅拌棒搅拌浆液 2 min,使浆液充分混合,然后启动秒表,分别记录水浆分离面下降到 30 mm、36 mm、42 mm、48 mm、54 mm 的时间,以及沉淀物极限沉淀高度和时间。

6.3.4.2　注浆材料浆液沉淀性能测定结果

(1)注浆材料浆液沉淀过程

注浆材料浆液沉淀实验过程如图 6-24 至图 6-27 所示。

(2)注浆材料浆液沉淀时间与沉淀速度

3 种注浆材料的浆液在不同温度时沉淀时间与沉淀速度见表 6-11 至表 6-13。

图 6-24 3 种浆液沉淀过程(1)

图 6-25 3 种浆液沉淀过程(2)

图 6-26 3 种浆液沉淀过程(3)

图 6-27 3 种浆液最终沉淀状态

表 6-11 粉煤灰浆液不同温度沉淀时间和沉淀速度

分离面至水面距离 /mm	不同温度下的沉淀时间/s			不同温度下的沉淀速度/(mm/s)		
	0 ℃	16 ℃	36 ℃	0 ℃	16 ℃	36 ℃
30	92	63	42	0.33	0.48	0.71
36	114	76	52	0.32	0.47	0.69
42	146	92	67	0.29	0.46	0.63
48	212	130	99	0.23	0.40	0.48
54	571	295	218	0.09	0.18	0.25

表 6-12 黏土浆液不同温度沉淀时间和沉淀速度

分离面至水面距离 /mm	不同温度下的沉淀时间/s			不同温度下的沉淀速度/(mm/s)		
	0 ℃	16 ℃	36 ℃	0 ℃	16 ℃	36 ℃
30	312	228	205	0.10	0.13	0.15
36	385	284	260	0.09	0.13	0.14
42	462	345	321	0.09	0.12	0.13
48	575	431	423	0.08	0.11	0.11
54	860	652	744	0.06	0.08	0.07

表 6-13　粉煤灰和黏土混合浆液不同温度沉淀时间和沉淀速度

分离面至水面距离 /mm	不同温度下的沉淀时间/s			不同温度下的沉淀速度/(mm/s)		
	0 ℃	16 ℃	36 ℃	0 ℃	16 ℃	36 ℃
30	265	152	120	0.11	0.19	0.25
36	320	188	145	0.11	0.19	0.25
42	380	221	175	0.11	0.19	0.24
48	470	261	226	0.10	0.18	0.21
54	778	395	355	0.07	0.14	0.10

（3）注浆材料骨料最终沉淀高度

3 种浆液骨料的最终沉淀高度,黏土为 15 mm,黏土和粉煤灰混合物为 16.5 mm,粉煤灰为 19 mm。

（4）注浆材料骨料沉淀高度与沉淀时间的关系

3 种注浆材料浆液在不同温度条件下沉淀高度与沉淀时间的关系曲线如图 6-28 至图 6-30所示。

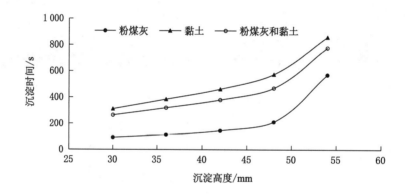

图 6-28　3 种浆液在 0 ℃时沉淀高度与沉淀时间关系曲线

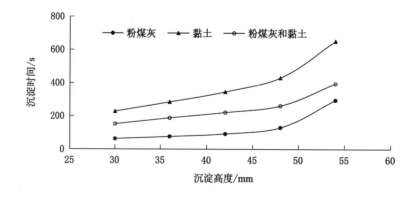

图 6-29　3 种浆液在 16 ℃时沉淀高度与沉淀时间关系曲线

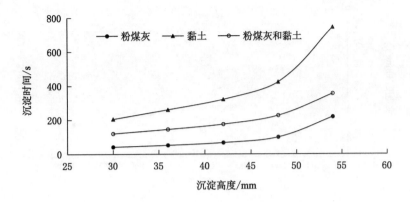

图 6-30　3 种浆液在 36 ℃时沉淀高度与沉淀时间关系曲线

（5）注浆材料骨料沉淀速度与沉淀时间的关系

3 种注浆材料浆液在不同温度条件下沉淀速度与沉淀时间的关系曲线如图 6-31 至图 6-33所示。

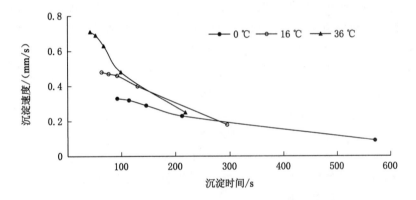

图 6-31　粉煤灰浆液在不同温度条件下沉淀速度变化曲线

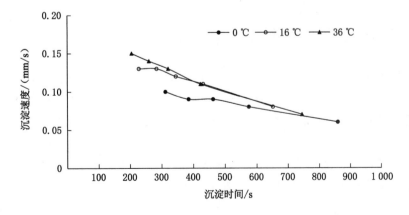

图 6-32　黏土浆液在不同温度条件下沉淀速度变化曲线

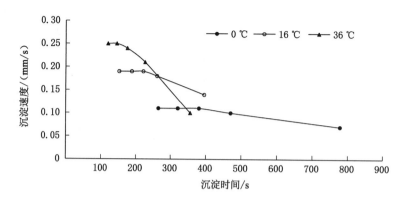

图 6-33　粉煤灰与黏土混合浆液在不同温度条件下沉淀速度变化曲线

6.3.4.3　注浆材料浆液沉淀性能测定实验结论

① 粉煤灰、黏土以及粉煤灰和黏土混合物 3 种材料浆液的沉淀性能显著不同。粉煤灰浆液的沉淀速度最快,粉煤灰和黏土混合物浆液的沉淀速度次之,黏土浆液的沉淀速度最慢。如在 16 ℃时,3 种浆液的骨料沉淀至高度 54 mm 时,粉煤灰、黏土以及粉煤灰和黏土混合物浆液所需时间分别为 295 s、652 s、395 s。可见粉煤灰和黏土混合物浆液沉淀时间是粉煤灰浆液的 1.34 倍,黏土浆液沉淀时间是粉煤灰浆液的 2.21 倍。

② 粉煤灰、黏土以及粉煤灰和黏土混合物 3 种材料浆液的分离面沉淀速度对温度比较敏感,温度越低,沉淀速度越慢,浆液稳定性越好。

③ 粉煤灰、黏土以及粉煤灰和黏土混合物 3 种材料浆液沉淀速度都是在初期快,后期逐渐降低。3 种浆液中以粉煤灰和黏土混合物浆液稳定性最好,在沉淀高度到 42 mm 之前,几乎匀速沉淀,分析其原因是混合浆液中黏土和粉煤灰颗粒粒径不同,二者充分混合后,浆液颗粒具有较高的分散度,微小的黏土、粉煤灰颗粒和水结合形成胶体分散体系,使粉煤灰和黏土颗粒具有较好的悬浮稳定性。

④ 粉煤灰、黏土以及粉煤灰和黏土混合物 3 种材料浆液的沉淀速度还与骨料的浸泡时间有关,浸泡时间越长,沉淀速度越小。

6.4　采场覆岩离层注浆浆液水成分测定

随着环保意识的不断普及,人们对环境问题越来越关注。开滦唐山矿京山铁路煤柱首采区覆岩离层注浆采用唐山发电厂储灰场的粉煤灰为骨料,在注浆站场地打井取水做基液搅拌成粉煤灰浆液,通过注浆泵加压经注浆管路输送注入钻孔,因此,注浆减沉工程必须考虑注浆浆液是否对环境产生影响。由于注浆减沉采用的材料为粉煤灰,粉煤灰对环境可能产生的影响主要在重金属方面。为了掌握注浆浆液渗流水中是否含有有毒有害的重金属元素以及重金属元素的浓度,本节进行了注浆浆液水重金属元素检测。

6.4.1　重金属元素毒害性

从环境污染方面所说的重金属,实际上主要是指汞、镉、铅、铬以及砷等生物毒性显著的重金属,重金属随废水排出时,即使浓度很低,也可能造成危害,由重金属造成的环境污染称为重金属污染。

重金属污染主要表现为以下几个方面的特点。

① 水体中的某些重金属可在微生物作用下转化为毒性更强的金属化合物,如汞的甲基化作用就是其中典型例子。

② 生物从环境中摄取重金属后可以经过食物链的生物放大作用,在较高级生物体内成千万倍地富集起来,然后通过食物进入人体,在人体的某些器官中积蓄起来造成慢性中毒,危害人体健康。

③ 在天然水体中只要有微量重金属即可产生毒性效应,一般重金属产生毒性的质量浓度范围在 $1\sim10$ mg/L 之间,毒性较强的重金属如汞、镉等产生毒性的质量浓度范围在 $0.001\sim0.01$ mg/L 之间。

重金属的污染有时会造成很严重的危害,例如,1956 年日本发生的水俣病(汞污染)和骨痛病(镉污染)等公害病,都是由重金属污染引起的。所以,应严格防止重金属污染。

此次检测工作选择了危害性大的重金属汞、镉、铅、铬以及类金属砷 5 种元素,这 5 种元素对环境的污染和对人体的危害主要如下:

① 汞:燃煤研究表明,燃煤是全球最大的汞的人为排放源,燃煤中汞离子经过甲基化作用后会形成甲基汞(CH_3Hg),它对人体主要损害部位为大脑皮层、小脑和末梢神经,日本著名的公害病"水俣病"即甲基汞慢性中毒。

② 镉:镉进入人体后会慢慢在肾脏和骨骼中积累,它取代骨骼中的钙,使骨骼严重软化,骨头寸断;另外,镉还会引起胃脏功能失调,干扰人体和生物体内锌的酶系统,使锌镉比降低,从而导致高血压病症上升。

③ 铅:急性铅中毒会使人出现恶心、呕吐、腹绞痛和便秘等症状。慢性铅中毒可导致运动和感觉神经传导速度减慢、贫血、腹绞痛、腕下垂、肾功能改变等。

④ 铬:铬是人体必需的微量元素,但大量的铬污染环境,则危害人体健康。铬中毒主要是指六价铬,饮用被含铬工业废水污染的水,可致腹部不适及腹泻等中毒症状。另外,铬为皮肤变态反应原,会引起过敏性皮炎或湿疹。

⑤ 砷:有毒性的主要是砷的化合物三氧化二砷(As_2O_3),即砒霜,该化合物是一类剧毒物。如果人体对砷的化合物摄入量超过排泄量,如长期饮用含砷量较高的水,则会引起慢性中毒。砷在人体内的毒性作用主要是它与细胞中的酶系统结合,使许多酶的生物作用受到抑制失去活性,造成代谢障碍。砷慢性中毒主要表现为末梢神经炎和神经衰弱症等症状,皮肤色素高度沉着和皮肤高度角化、发生龟裂性溃疡则是砷中毒的另一个特征。急性砷中毒多见于消化道摄入,主要表现为剧烈腹痛、腹泻、恶心、呕吐,若抢救不及时可造成死亡。

6.4.2 国家水质量标准

6.4.2.1 地下水质量标准

国家标准《地下水质量标准》(GB/T 14848—2017)根据我国地下水水质现状、人体健康基准值及地下水质量保护目标,参照生活饮用水、工业与农业等用水质量要求,依据各组分含量高低(pH 除外)将地下水质量划分为 5 类。

Ⅰ类:地下水化学组分含量低,适用于各种用途。

Ⅱ类:地下水化学组分含量较低,适用于各种用途。

Ⅲ类:地下水化学组分含量中等,主要适用于集中式生活饮用水水源及工农业用水。

Ⅳ类:地下水化学组分含量较高,以农业和工业用水质量要求以及一定水平的人体健康风险为依据,适用于农业和部分工业用水,适当处理后可作为生活饮用水。

Ⅴ类:地下水化学组分含量高,不宜作为生活饮用水水源,其他水可根据使用目的选用。

《地下水质量标准》中重金属含量标准见表 6-14。

表 6-14　地下水质量分类中重金属含量标准　　　　　　　单位:mg/L

元素	Ⅰ类	Ⅱ类	Ⅲ类	Ⅳ类	Ⅴ类
汞(Hg)	≤0.000 1	≤0.000 1	≤0.001	≤0.002	>0.002
镉(Cd)	≤0.000 1	≤0.001	≤0.005	≤0.01	>0.01
铅(Pb)	≤0.005	≤0.005	≤0.01	≤0.1	>0.1
铬(Cr^{6+})	≤0.005	≤0.01	≤0.05	≤0.1	>0.1
砷(As)	≤0.001	≤0.001	≤0.01	≤0.05	>0.05

6.4.2.2　地表水环境质量标准

国家标准《地表水环境质量标准》(GB 3838—2002)依据地面水水域环境功能和保护目标,按功能高低依次划分为 5 类:

Ⅰ类:主要适用于源头水、国家自然保护区。

Ⅱ类:主要适用于集中式生活饮用水地表水源地一级保护区、珍稀水生生物栖息地、鱼虾类产卵场等。

Ⅲ类:主要适用于集中式生活饮用水地表水源地二级保护区、鱼虾类越冬场、洄游通道、水产养殖区等渔业水域及游泳区。

Ⅳ类:主要适用于一般工业用水区及人体非直接接触的娱乐用水区。

Ⅴ类:主要适用于农业用水区及一般景观要求水域。

对应地表水上述 5 类水域功能,将地表水环境质量标准基本项目标准值分为 5 类,不同功能类别分别执行相应类别的标准值。《地表水环境质量标准》中重金属含量标准见表 6-15。

表 6-15　地表水环境质量标准中重金属含量标准　　　　　单位:mg/L

元素	Ⅰ类	Ⅱ类	Ⅲ类	Ⅳ类	Ⅴ类
汞(Hg)	≤0.000 05	≤0.000 05	≤0.000 1	≤0.001	≤0.001
镉(Cd)	≤0.001	≤0.005	≤0.005	≤0.005	≤0.01
铅(Pb)	≤0.01	≤0.01	≤0.05	≤0.05	≤0.1
铬(Cr^{6+})	≤0.01	≤0.05	≤0.05	≤0.05	≤0.1
砷(As)	≤0.05	≤0.05	≤0.05	≤0.1	≤0.1

6.4.2.3 生活饮用水卫生标准

国家标准《生活饮用水卫生标准》(GB 5749—2022)适用于城乡生活饮用的集中式给水(包括各单位自备的生活饮用水)和分散式给水。《生活饮用水卫生标准》中规定的生活饮用水重金属含量限值见表6-16。

表6-16　生活饮用水卫生标准中重金属含量标准　　　　　单位:mg/L

元素	汞(Hg)	镉(Cd)	铅(Pb)	铬(Cr^{6+})	砷(As)
含量	≤0.001	≤0.005	≤0.01	≤0.05	≤0.01

6.4.3　注浆浆液渗流水中重金属元素含量测定

6.4.3.1　粉煤灰浆液过滤装置

为真实测定注浆浆液水水质能否符合环境保护要求,粉煤灰试样选用唐山发电厂储灰场现场未进行特殊处理的粉煤灰。采用过滤装置模拟现场注入离层空间的浆液被岩层过滤的过程,过滤装置如图6-34所示。取一定质量的河砂放入烘箱进行12 h烘干,然后将其筛分成5种不同颗粒粒径,分别为粉砂、细砂、中砂、粗砂、砾石;将这5种粒径的河砂按粒径由大到小顺序放入测定装置的玻璃过滤桶中,并用水将河砂完全湿润,对注浆浆液水进行水质量分类指标中危害性大的重金属汞、镉、铅、铬及砷5种元素测定。

6.4.3.2　重金属元素含量测定试样

为了掌握粉煤灰浆液浓度和浸泡时间对浆液过滤后水中重金属含量的影响,此次测定按照式(6.29)配制了3组粉煤灰灰浆试样。

$$\rho_{浆} = \frac{\rho_{灰} + \rho_{水}(V_{水}/V_{灰})}{1 + V_{水}/V_{灰}} \tag{6.29}$$

式中　$\rho_{浆}$——浆液密度,mg/L;

　　　$\rho_{灰}$——水灰体密度,mg/L;

　　　$\rho_{水}$——离析水密度,mg/L;

　　　$V_{灰}$——水灰体体积,L;

　　　$V_{水}$——离析水体积,L。

a组试样相对密度为1.13,浸泡2 h后进行过滤测定;

b组试样相对密度为1.15,浸泡120 h后进行过滤测定;

c组试样相对密度为1.18,浸泡120 h后进行过滤测定。

6.4.3.3　重金属元素含量测定过程

将配制好的粉煤灰浆液倒入已准备好的测定装置玻璃过滤桶中,将过滤桶砂层中的水置换出来,反复经过多次置换后取最后一次的过滤水进行重金属元素测定。测定前后溶液状况如图6-35所示。

6.4.3.4　重金属元素含量测定结果

对3组粉煤灰浆液过滤水进行重金属元素检测,测定得到水质量分类指标中危害性较大的重金属汞、镉、铅、铬及砷5种元素的含量,测定结果如表6-17所示(表中ND表示含量未达到检测线未检出)。

图 6-34　粉煤灰浆液过滤装置

图 6-35　粉煤灰浆液过滤前后对比图

表 6-17　3 组粉煤灰浆液过滤水重金属元素测定结果　　　　　单位：mg/L

元　素	a 组	b 组	c 组
汞（Hg）	0.015	ND	ND
镉（Cd）	ND	ND	ND
铅（Pb）	ND	ND	0.016
铬（Cr^{6+}）	0.010	0.017	0.035
砷（As）	ND	ND	ND

由测定结果可以看出，粉煤灰浆液过滤水中不含有镉、砷两种重金属元素，但含有汞、铅和铬 3 种元素。其中汞的含量有 2 组试样未检出，有一试样含量达 0.015 mg/L，根据《地下水质量标准》为 Ⅴ 类水质；铅的含量有 2 组试样未检出，有 1 组试样含量达 0.016 mg/L，根据《地下水质量标准》为 Ⅳ 类水质；铬的含量 3 组试样均检出，分别为 0.010 mg/L、0.017 mg/L 和 0.035 mg/L，根据《地下水质量标准》分别为 Ⅱ、Ⅲ、Ⅲ 类水质。由此可以断定，注浆浆液水注入覆岩离层空间后被地下水稀释，偏高的重金属元素含量会降低，将达到 Ⅲ 类以上水质标准，基本不会对地下水环境造成污染。

注浆减沉工程将粉煤灰由地表堆放转为填充到地下深部，从而可避免粉煤灰长时间堆放导致各种重金属元素逐渐积累而对地下潜水层内的水环境造成污染。

参 考 文 献

[1] 曹晓毅,王玉涛,刘小平,等.陕北采煤沉陷区黄土基注浆材料性能试验及配比优选[J].煤田地质与勘探,2020,48(3):8-16.

[2] 崔希民,缪协兴,苏德国,等.岩层与地表移动相似材料模拟试验的误差分析[J].岩石力学与工程学报,2002,21(12):1827-1830.

[3] 邓成进,党发宁,苗喆,等.堆石料注浆技术及注浆后力学性质试验研究[J].岩土工程学报,2019,41(10):1907-1913.

[4] 杜金龙,朱开成,范玉须,等.覆岩离层注浆浆液扩散半径计算研究:以夏店煤矿为例[J].中国煤炭地质,2020,32(10):40-42.

[5] 高延法,邓智毅,杨忠东,等.覆岩离层带注浆减沉的理论探讨[J].矿山压力与顶板管理,2001(4):65-67.

[6] 顾大钊.相似材料和相似模型[M].徐州:中国矿业大学出版社,1995.

[7] 郭惟嘉,刘立民,沈光寒,等.采动覆岩离层性确定方法及离层规律的研究[J].煤炭学报,1995,20(1):39-44.

[8] 郭文兵,邓喀中,邹友峰.条带开采下沉系数计算与优化设计的神经网络模型[J].中国安全科学学报,2006,16(6):40-45.

[9] 国家安全监管总局,国家煤矿安监局,国家能源局,等.建筑物、水体、铁路及主要井巷煤柱留设与压煤开采规范[M].北京:煤炭工业出版社,2017.

[10] 郝延锦,吴立新,戴华阳.用弹性板理论建立地表沉陷预计模型[J].岩石力学与工程学报,2006,25(增1):2958-2962.

[11] 何国清,杨伦,凌庚娣,等.矿山开采沉陷学[M].徐州:中国矿业大学出版社,1991.

[12] 姜岩,韩晓冬,卿熙宏,等.覆岩注浆安全深度的力学分析[J].矿山测量,2000(3):28-29.

[13] 康建荣,王金庄.采动覆岩力学模型及断裂破坏条件分析[J].煤炭学报,2002,27(1):16-20.

[14] 李喜林,王来贵,赵娜,等.铁路下伏采空区注浆材料配比试验研究[J].硅酸盐通报,2014,33(3):651-655.

[15] 骆祥均.基于采动覆岩离层注浆技术的采煤塌陷控制方法[J].矿山测量,2018,46(2):52-54.

[16] 苗健,霍超,齐宽.李村煤矿覆岩离层注浆关键层位置分析与判别[J].内蒙古煤炭经济,2020(5):5-6.

[17] 缪协兴,巨峰,黄艳利,等.充填采煤理论与技术的新进展及展望[J].中国矿业大学学报,2015,44(3):391-399.

[18] 庞建勇,姚韦靖,王凌燕.采空区超细粉煤灰注浆充填材料正交试验及回归分析[J].长江科学院院报,2018,35(9):103-108.

[19] 钱鸣高,缪协兴,许家林,等.岩层控制的关键层理论[M].徐州:中国矿业大学出版社,2003.

[20] 任松,姜德义,杨春和,等.岩盐水溶开采沉陷新概率积分三维预测模型研究[J].岩土力学,2007,28(1):133-138.

[21] 沙飞,李术才,刘人太,等.富水砂层高效注浆材料试验与应用研究[J].岩石力学与工程学报,2019,38(7):1420-1433.

[22] 寿楠椿.弹性薄板弯曲[M].北京:高等教育出版社,1986.

[23] 宋高峰,刘会臣,任志成."三下"压煤充填采煤技术发展现状及展望[J].煤矿安全,2014,45(10):191-193.

[24] 苏南丁,李少本,李楠.浅埋深大采高工作面条带离层注浆地表减沉技术[J].煤矿安全,2015,46(2):68-71.

[25] 苏仲杰.粉煤灰充填离层空间物理力学机理实验研究[J].煤炭学报,2001,26(1):22-25.

[26] 苏仲杰,刘文生.减缓地表沉降的覆岩离层注浆新技术的研究[J].中国安全科学学报,2001,11(4):21-24.

[27] 苏仲杰,于广明,杨伦.覆岩离层变形力学机理数值模拟研究[J].岩石力学与工程学报,2003,22(8):1287-1290.

[28] 隋惠权,范学理.矿区塌陷控制与灾害防治技术研究[J].中国地质灾害与防治学报,2002,13(3):42-44.

[29] 孙钧.岩土材料流变及其工程应用[M].北京:中国建筑工业出版社,1999.

[30] 汤倩.粉煤灰利用研究现状及其在环境保护中的应用[J].中国资源综合利用,2020,38(5):41-43.

[31] 王金安,赵志宏,侯志鹰.浅埋坚硬覆岩下开采地表塌陷机理研究[J].煤炭学报,2007,32(10):1051-1056.

[32] 王金庄,康建荣,吴立新,等.煤矿覆岩离层注浆减缓地表沉降效果评价方法探讨[J].矿山测量,2000(2):11-13.

[33] 王悦汉,邓喀中,张冬至,等.重复采动条件下覆岩下沉特性的研究[J].煤炭学报,1998(5):24-29.

[34] 王志强,郭晓菲,高运,等.华丰煤矿覆岩离层注浆减沉技术研究[J].岩石力学与工程学报,2014,33(增1):3249-3255.

[35] 徐斌,董书宁,徐路路,等.水泥基注浆材料浆液稳定性及其析水规律试验[J].煤田地质与勘探,2019,47(5):24-31.

[36] 徐乃忠.煤矿覆岩离层注浆减小地表沉陷研究[D].北京:中国矿业大学北京研究生部,1997.

[37] 许家林,钱鸣高.覆岩注浆减沉钻孔布置的试验研究[J].中国矿业大学学报,1998,27(3):276-279.

[38] 许家林,连国明,朱卫兵,等.深部开采覆岩关键层对地表沉陷的影响[J].煤炭学报,

2007,32(7):686-690.

[39] 张立亚,邓喀中.多煤层条带开采地表移动规律[J].煤炭学报,2008,33(1):28-32.

[40] 张庆松.覆岩移动及离层规律的数值仿真与非线性预计方法研究[D].泰安:山东科技大学,2002.

[41] 张庆松,高延法,李术才.矿山覆岩力学参数的三维位移反演方法研究[J].金属矿山,2005(9):26-28,31.

[42] 张羽强,黄庆享,严茂荣.采矿工程相似材料模拟技术的发展及问题[J].煤炭技术,2008,27(1):1-3.

[43] 邹友平,张华兴,张刚艳,等.粉煤灰水泥注浆材料主要性能试验研究[J].煤矿开采,2012,17(4):15-16.

[44] BELL F G,STACEY T R,GENSKE D D. Mining subsidence and its effect on the environment:some differing examples [J]. Environmental geology,2000,40(1):135-152.

[45] LUO Y,PENG S S. Long-term subsidence associated with longwall mining:its causes,development and magnitude[J]. Mining engineering,2000,52:22-27.

[46] SIDLE R C,KAMIL I,SHARMA A,et al. Stream response to subsidence from underground coal mining in central Utah[J]. Environmental geology,2000,39(3):279-291.